U0651198

The Secret

力量

The Secret
力量

朗达·拜恩

"这是宇宙中所有事物之所以完美的原因。"

翡翠石板（约公元前3000年）

献给你

目录

作者序

二〇〇四年九月九日是我毕生难忘的一天。那天我醒来时，觉得只不过是另一个早晨而已，结果，它成为我一生中最棒的一天。

如同大多数人一样，我努力工作以维持生活，尽可能去处理各式各样的困难和障碍。二〇〇四年对我来说，是特别艰难的一年，各种充满挑战性的状况几乎让我招架不住。我的人际关系、健康、职业和财务状况似乎到了难以挽回的地步。越来越多困境围绕着我，让我找不到出路。接着，事情就这么发生了！

我的女儿拿给我一本百年古书[注1]，而在我花了九十分钟阅读那本书的期间，我的整个人生改变了。我了解到生命中的每

注1：华勒思·华特斯，《失落的致富经典》。也可以到《秘密》的官网（www.thesecret.tv）免费下载这本书的英文版。

一件事是如何发生的，而且马上知道要做些什么来让它们变成我想要的。我发现了一个秘密，一个流传了好几世纪，历史上却只有少数人知道的秘密。

从那一刻起，我眼中所见的不再是同一个世界；事实上，这个世界真正的运作方式，和我过去以为的完全相反。几十年来，我一直相信生命中所遇到的事情就只是发生在我们身上而已，但是现在，我已经了解这令人难以置信的真理。

我也发现大多数人不知道这个秘密，所以我开始跟全世界分享。我克服了所有想象得到的困难，制作了《秘密》这部影片，并且在二〇〇六年发行；那一年的下半年，我写了《秘密》这本书，让我得以分享更多我的发现。

《秘密》这本书上市之后，传播的速度像光速一样，一传十、十传百，穿越了整个地球。因为知道了这个秘密，现在世界各地有上千万人正通过难以想象的方式，改变他们的生命。

当人们学会如何通过《秘密》改变自己的生命时，跟我分享了成千上万的神奇故事，让我对人为何会在生命中经历困境有了更多见解，而这些见解就集结成为《The Power力量》这本书中所要传递的知识——可以马上改变生命的知识。

　　《秘密》揭露了吸引力法则——掌管我们生命最强大的法则，《The Power力量》则包含了自二〇〇六年《秘密》上市以来，我所学到的每件事的精华。在《The Power力量》中你会了解到，要改变你的人际关系、金钱、健康、快乐、职业及整个人生，其实只需要一样东西。

　　你不必先读过《秘密》才能通过《The Power力量》改变自己的人生，因为你需要知道的每件事，都已经包含在《The Power力量》这本书里；不过，如果你已经读过《秘密》，那么这本书将无限扩充那些你早已经知道的知识。

　　你需要知道的事情很多，关于你自己和你的人生，你还有很多要了解的，而且全都很美好——事实上，它们不只美好，而且精彩非凡！

感谢

　　我要对历史上所有冒着生命危险，让生命的知识和真理流传于世的伟大人物表达最深的谢意。

　　《The Power力量》这本书得以完成，全靠以下这些人全力协助，我想向他们表达我的感激：谢谢丝凯·拜恩出色的编辑工作，也谢谢她与珍妮·柴尔德的引导、鼓励、专业知识与无价的投入；感谢乔许·哥尔德严谨的科学及历史研究；感谢高瑟多媒体的薛莫斯·霍尔和尼克·乔治为本书做设计；感谢尼克提供原创性的艺术作品及图片，并致力于创作出一本有力而美丽的书，让每个手握此书的人生命都能被触动。

　　深深地感谢西蒙与舒斯特出版公司所有相关工作人员——谢谢卡洛琳·雷狄和裘蒂丝·柯尔对我的信心，也谢谢她们愿意敞开心胸接受新方式，让我们可以一起为数十亿人带来喜悦；感谢我的编辑莱丝莉·梅勒迪斯让《The Power力量》的编辑过程变成完全的喜乐；感谢编审群佩格·哈勒、金柏莉·高德斯坦和伊索尔德·绍尔；感谢西蒙与舒斯特其他团队成员孜孜不倦地工作——丹尼斯·欧罗、丽莎·凯姆、艾琳·艾哈恩、达琳·德里罗、崔丝妮·范、基特·瑞可德及唐娜·罗佛瑞朵。

　　我要对《秘密》团队的工作伙伴及亲爱的朋友表达爱与感恩，因为他们有勇气敞开心胸接受各种可能性，并战胜了每一项挑战，让我们得以将喜悦带给全世界：保罗·哈林顿、珍妮·柴尔德、唐纳德·齐克、安德列·凯尔、葛莲达·贝尔、马克·欧康纳、达米安·克尔伯伊、丹尼尔·克尔、提姆·派特森、海莉·拜恩、柯麦隆·波伊尔、金·维南、彩·李、萝莉·莎拉波夫、丝凯·拜恩、乔许·高德、尼克·乔治、萝拉·简森及彼得·拜恩。

　　感谢加德纳·佘律师事务所的律师麦可·加德纳和苏珊·佘；深深地感谢曼格·托尔斯律师事务所的律师布莱德·布莱恩和路易斯·李，谢谢他们的引导和专业知识，谢谢他们提供了正直与真理的活典范，也谢谢他们为我的人生带来正面能量。

　　感谢持续启发我追求卓越、我亲爱的朋友们：伊莲·贝特、布丽姬·墨菲、保罗·苏丁、马克·韦弗、弗雷德·内德、达尼·哈恩、鲍比·韦布、詹姆斯·辛克莱、乔治·维南、卡门·维斯克斯、海尔默·拉基斯巴达，还有最后但同样重要的，安琪儿·马汀·维里欧斯，她灵性的光芒和信念让我提升到新的层次，得以实现为数十亿人带来喜悦的梦想。

感谢我的两个女儿——海莉和丝凯，她们是我最棒的老师，她们的存在点亮了我每天的生活；感谢我的姐妹宝琳、葛莲达、珍妮和凯伊，她们给予我永无止尽的爱与支持，让我度过美好的时光及充满挑战的岁月。二〇〇四年我们的父亲突然去世，这件事带领我发现了《秘密》；而在写《The Power力量》的过程中，我们的母亲——我们最好的朋友——过世了，留下我们继续过着没有她陪伴的人生。她期许我们尽可能成为我们最好的样子，并无条件地去爱，这样我们就能让这个世界有所不同。母亲，我从心底感谢你所做的一切。

前言

你本来就该拥有**精彩**的人生！

　　你本来就该拥有你喜爱和渴望的每件事物；你的工作本来就该让你振奋，而且你本来就该实现所有你想要实现的一切；你和家人及朋友的关系本来就该有满满的欢乐；你本来就该拥有要活出一个充实、美满的人生所需的金钱；你本来就该实现梦想——你所有的梦想！如果你想去旅行，你本来就该去；如果你想开创一项事业，你本来就该开创；如果你想学跳舞、开游艇或意大利文，你本来就该去做；如果你想成为音乐家、科学家、企业家、投资人、表演者、父母，或是你想成为的任何角色，你**本来就该**是那样的人！

　　每天当你醒来时，你本来就该兴奋满怀，因为你**知道**这一天即将充满了美好的事物；你本来就该开怀地笑，并且充满喜悦；你本来就该感觉强壮且安全；你本来就该对自己感觉美好，知道你是无价的；你的生命中当然会有挑战，也应该有挑战，因为它们会帮助你成长，而你本来就知道如何战胜那些问题和挑战；你生来就注定要获得胜利！你生来就注定要快乐！你生来就注定要拥有**精彩**的人生！

你生来不是为了挣扎度日；你生来不是为了过那种喜悦时刻寥寥可数的人生；你生来不是为了一星期五天辛苦工作，而周末的快乐时光却稍纵即逝；你生来不是只能带着有限的能量过日子，每天在一日将尽时都感到精疲力竭；你生来不是为了担心或是害怕；你生来不是为了受苦。你是为了什么活着？你本来就应该尽情体验生命、拥有你想要的一切，同时充满了喜悦、健康、活力、兴奋与爱，因为那才是精彩的人生！

你梦想中的人生、你想成为的样子、想去做或是想拥有的每件事物，其实都比你所知道的还要接近你，因为能让你拥有想要的**一切**力量，就在你心里面！

"有一个无所不在、至高无上的力量在掌管着这个大千世界。而你是这力量的一部分。"

普兰特斯·马福德（1834-1891）

新时代思想家

在这本书里，我想为你指出通往精彩人生的路。你将发现某些跟你自己、你的人生和宇宙有关的事，那些事情很不可思议。人生比你想象的简单许多，而当你了解生命运作的方式，以及你内在拥有的那股"力量"时，就能全然体验到生命的魔力——接着，你将拥有精彩的人生！

现在，就让你生命的神奇力量开始展现吧！

这股力量是什么？

"我说不出这股力量是什么，我只知道它存在。"

亚历山大·格拉汉姆·贝尔 (1847-1922)
电话发明者

人生其实很单纯，只有正面事物及负面事物这两种组成元素。你人生的每个层面，无论是健康、金钱、人际关系、工作或快乐，对你来说不是正面就是负面——你可能拥有很多金钱或手头拮据；你的身体可能很健康或疾病缠身；你的人际关系可能很圆融，也可能很不顺；你从事的工作可能令你振奋且成就斐然，或者你对工作不满且屡遭失败；你可能幸福美满，也可能大部分时间都不快乐；你的人生可能高低起伏，有好日子，也有苦日子。

假如你人生中的负面事物多于正面事物，你就知道一定有什么地方不对劲。当你看到别人过得快乐且充实，生活中充满了很棒的事情时，你心底的某处告诉你，其实你也值得拥有那些东西——你是对的，你**的确**值得拥有一个满溢着美好事物的人生。

　　大多数拥有美好人生的人不知道他们到底做了什么事，才拥有这样的人生，但他们**的确**是做了某件事。他们使用了一股力量，而这股力量正是生命中所有美好事物发生的起因……

　　每个拥有美好人生的人都是运用**爱**达成的，毫无例外。能让人拥有生命中所有正面和美好事物的力量，就是**爱**！

　　有史以来，每个宗教，以及每一位伟大的思想家、哲学家、先知和领导者都一直在谈论爱、描写爱，但许多人无法了解他们的智慧话语。虽然他们的教导是针对那个时代的人，不过他们带给世界的唯一真理和讯息仍适用于现代：**去爱吧**，因为当你爱的时候，你就运作了宇宙间最伟大的力量。

爱的力量

"爱是一种元素，虽然肉眼看不到，却如空气或水一般真实。它是一股行进中的、有生命力的、流动着的力量……它如同海里的波浪和潮水般流动着。"

普兰特斯·马福德（1834-1891）

新时代思想家

　　世界上最伟大的思想家和宗教领袖所谈论的爱，和大多数人理解的爱非常不同。它远超过爱你的家人、朋友和最喜爱的事物，因为爱不只是一种感觉，而是一股正面的力量。爱并不微弱、虚弱或软弱，它是生命中**那股**正向积极的力量！爱是**所有**正面和美好事物的起因，人生中的正面力量其实仅此一种而已。

　　大自然中有许多强大的力（如重力和电磁力）是我们察觉不到的，但是它们的力量却无可争议。同样的，我们也看不见爱的力量，但是事实上，它的力量远超过大自然的任何一种力。

世界的各个角落都看得见其力量的实证：没有爱，就没有生命。

试想一下：这个世界如果没有爱，会变成什么样子？首先，你根本不会存在；没有爱，你不会被生下来，你的家人和朋友也是 —— 事实上，这个星球会连一个人类也没有。若爱的力量止息，那么整个人类将会渐渐消失，终至灭亡。

每一项发明、发现及人类创造物都源自人心中的爱。如果不是莱特兄弟的爱，我们无法搭乘飞机飞行；如果不是科学家、发明家及发现者的爱，我们不会有电、热或光，也无法开车，或是使用电话、器具或任何一项让生活更轻松、更舒适的科技。没有建筑师和工匠的爱，就不会有家、建筑物或城市；没有爱，就没有药、医生或急救设施，没有老师、学校或教育，就没有书、没有画作、没有音乐，因为这些东西都是爱的正面力量创造出来的。现在环顾四周，如果没有爱，你所看到的每一件人类创造物都不会存在。

"没有爱，地球便成了坟墓。"

罗伯特 · 勃朗宁 (1812–1889)

诗人

爱是驱动你的力量

　　你想成为、实现或拥有的一切都来自爱。没有爱，你就不会前进，也不会有正面力量驱使你每天早上起床、工作、玩乐、跳舞、聊天、学习、听音乐或做任何事情——你会像座石雕一样。鼓舞你前进，让你渴望成为、实现或拥有一切的，正是"爱"这股正向积极的力量。爱的正面力量可以创造一切美好事物，增加美好的东西，并改变你生命中的任何负面事物。你拥有掌控健康、财富、职业、人际关系及人生各个层面的力量，而且那股力量——也就是"爱"——就在你之内！

　　但是，如果你有力量控制自己的人生，而且那个力量在你之内，为什么你的人生并不精彩？为什么你的人生不是每个领域都有杰出的表现？为什么你并未拥有你想要的每样东西？为什么你一直没办法做你想做的每一件事？为什么你不是每天都满心喜悦？

　　答案是：因为你有选择权。你可以选择去爱，并运用这股正面力量，也可以选择放弃。而不管你是否意识到，你人生中的每一天——你生命中的每个**当下**——都在做这个选择。每当你在人生中体验到美好事物时，就表示你付出了爱，而且运用了爱的正面力量，毫无例外；而每当你经历不愉悦的事物时，

就表示你没有付出爱，其结果就是负面的。爱是你生命中所有
美好事物的起因，而缺乏爱就会引起一切负面事物及痛苦。然
而悲惨的是，从现今全世界所有人的人生、乃至人类整个历史
来看，人们对这股力量显然还缺乏认识与体悟。

"*爱是世界上最强大、同时也是最不为人所知的能量。*"

德日进（1881-1955）
牧师及哲学家

现在，你就要学到造就出生命中所有美好事物的唯一力量，
接收它的相关知识，而且你将能使用它来改变整个人生。但是
首先，你要了解爱到底是怎么运作的。

爱的法则

宇宙是由各种自然法则所掌管。我们可以搭乘飞机飞行，
是因为航空技术与自然法则和谐一致。物理法则不会为了让人
类能飞行而改变，但我们找到了与自然法则和谐一致的方法，

因此可以飞翔。正如飞行、电及重力是由物理法则所控制，同样的，也有一条法则在掌管"爱"。如果想驾驭爱的正面力量、改变你的人生，就一定要先了解这个宇宙间最强大的法则，也就是吸引力法则。

吸引力法则正是那股大至支撑宇宙间每一颗星辰、小至形成每一个原子和分子的力量。太阳的吸引力量抓住太阳系的行星，让它们不至于猛然冲进太空；重力的吸引力量则抓住你和地球上的每个人、动物、植物及矿物。你也可以在万物中观察到吸引的力量，例如花朵吸引蜜蜂、种子从土壤中吸取养分，以及每一种生物都会被同类物种吸引。吸引力在陆地上所有的动物、海里的鱼和空中的飞鸟身上运作，让它们数量倍增并成群；吸引力让你身体的细胞、你房子的材料、你坐的家具得以聚合成形，而且让你的车能行驶在路面、让水能装在杯子里。你使用的每个物品都是通过吸引力而成形。

吸引力是那股把人们带到其他人面前的力量。它吸引人们形成城市和国家，以及共同兴趣的团体、俱乐部和社团。正是这股力量吸引这个人进入科学领域、让那个人对烹饪感兴趣；它牵引人们从事不同的运动、欣赏不同类型的音乐、喜爱某种动物和宠物。吸引力牵引着你到你最喜欢的事物那儿去、前往你喜爱的地点，也是这股力量把你带到你的朋友及所爱的人面前。

爱的吸引力量

　　所以吸引的力量究竟是什么？吸引的力量就是爱的力量！吸引力**就是**爱。当你被喜爱的食物吸引时，你就对那食物产生爱；如果没有吸引力，你不会有任何感觉，所有的食物对你来说都是一样的。你不会知道你爱或不爱什么，因为任何事物都不吸引你；你不会被某个人，或是某个城市、房子、车子、运动、工作、音乐、衣服或任何事物吸引，因为通过吸引的力量，你才感觉得到爱！

　　"吸引力法则或爱的法则，这两者是一样的宇宙律。"

　　　　　　　　查尔斯·哈奈尔（1866-1949）
　　　　　　　　　　　　　　　　　新时代思想家

　　吸引力法则**就是**爱的法则，它正是让万事万物 —— 从无数的银河系到原子 —— 保持和谐的万能定律。它存在于宇宙万物中，且通过每一件事情运作着；它同时也是在你生命中运行的法则。

　　用通俗的说法来解释，吸引力法则说的就是"同类相吸"。它对生命的意义，简单来说就是：你**给予**出去的，就是你会**得**

到的。在生命中，你给出去的是什么，收回来的就会是什么；
根据吸引力法则，你会把你给出的事物吸引回来，无论那是什么。

"每个作用力都有一个大小相等、方向相反的反作用力。"

艾萨克·牛顿（1643-1727）
数学家及物理学家

给予　　接受

　　每个**给予**的动作，都会创造出一个**接收**的相反动作，而且
你所接收到的总是等于你给出去的。在生命中，无论你给出什么，
都一定会回到你身上。这是宇宙物理学和数学。

给予正面事物，你**接收**回来的就会是正面事物；**给予**负面事物，你**接收**回来的就会是负面事物。把正面积极性给出去，你就会接收到一个充满正向事物的人生；把负面消极性给出去，你就会接收到一个充满负向事物的人生。那么，你是如何给出正面性或负面性的呢？通过你的思想和感觉！

无论何时，你不是在给出正向思想，就是在给出负向思想；不是在给出正面感觉，就是在给出负面感受。而不管它们是正面或负面，都将决定你生命中得到的一切。组成你人生每一刻的所有人事物，都是通过你给出去的想法和感受而吸引回来的；你生命中的一切都不是偶发的，你**接收到**的所有事物都是以你**给出去**的为基础。

"你们要给人，就必有给你们的……因为你们用什么量器量给人，也必用什么量器量给你们。"

耶稣（约公元前 5- 公元 30）
基督教创始人，《圣经》路加福音第六章第三十八节

你给予什么，就会回收什么。当你帮朋友搬家时，可以确定的是，那份协助与支持将会以光速回到你身上；而当你对让你失望的家人生气时，那份愤怒也将被包藏在生命情境中回到你身上。

　　你正通过你的思想和感觉创造你的生命。你所想、所感觉到的，创造了发生在你身上和你生活中经历的一切。如果你心想并感觉到："我今天过得很辛苦，压力好大。"那么你就会吸引所有让你的日子变得辛苦且充满压力的人事物回到你身上。

　　如果你心想并感觉到："人生对我来说真的太美好了。"你就会吸引所有让你的生命真正美好的人事物来到你身边。

你是磁铁

　　吸引力法则会根据你给出去的，来给予你生命中的每一样事物，从不失误，绝对可靠。你借由释放出去的思想和感觉，吸引并接收到财富、健康和人际关系方面的情境、你的工作，以及你人生中每一件事情和经历。如果给出跟金钱有关的正面思想和感觉，你就会吸引带给你更多钱的正面人事物；假如释放出去的跟金钱有关的思想和感觉是负面的，你就会吸引导致你缺乏金钱的负面情境、人事物。

"我不知道人类是否会有意识地按照爱的法则行事，但那个问题并不会困扰我。无论我们接不接受，爱的法则依然运作，就像重力法则一样。"

圣雄甘地（1869-1948）
印度政治领袖

你的所思所觉，吸引力法则肯定都会回应你。无论你的思想和感觉是好是坏，一旦你释放出去，它们就会像你说话的回声一样，自动且精准地回到你这里。然而，这也代表你可以借由改变你的思想和感觉，来改变自己的生命——给出正面的思想和感觉，你就能改变整个人生！

正面思想和负面思想

你脑中听见和嘴里大声说出来的话，都是"思想"。当你跟某人说："今天天气真好。"你是先有了这个想法，然后才说出这句话。你的思想还会变成行动——早上起床时，你是有了"起床"这个念头之后才采取行动的；如果没有先产生这个念头，你是不可能有动作的。

你的思想决定了你的言语和行动是正面或负面。不过，你怎么知道自己的想法到底是正面或负面的？当你想着你想要、你喜欢的事物时，你的思想就是正面的！而当你想着你不想要、不喜欢的事物时，那就是负面思想。就这么简单、这么容易。

无论你想要的是什么，你会想要它，是因为你喜爱它。花点时间想一想：你不会想要那些你不喜欢的事物，对吧？每个人只想要他们喜欢的东西，没有人会想要他们不喜爱的事物。

当你想到或聊到你想要及喜爱的事物时 —— 例如"我喜欢那些鞋子，它们真漂亮。" —— 你的思想是正面的，而那些正面思想会以你所喜爱的事物形式 —— 漂亮鞋子 —— 回到你身上。当你想到或聊到你不想要、不喜欢的事物 —— 例如，"看看那些鞋子的价格，真的是在抢钱。" —— 这时你的思想是负面的，而那些负面思想将会化作你不喜爱的事物 —— 对你来说太贵的东西 —— 回到你这里。

比起喜爱的事物，大多数人**更常**思考及谈论他们不喜爱的一切。他们释放出的负面能量比爱还多，如此一来，他们就不经意地夺走了自己生命中所有美好的事物。

没有爱，不可能拥有美好人生。那些拥有美好人生的人，**更常**想、**更常**谈到他们喜爱的事物，而不是不喜欢的东西！而那些挣扎过日子的人则思考及谈论的是不喜爱的事物，**多过喜爱**的一切！

"有一个字将我们从生命中所有的负担和痛苦中释放出来，那个字就是爱。"

索福克勒斯（公元前496-前406）
希腊剧作家

谈论你喜爱的事物

当你谈到任何跟金钱、人际关系、疾病有关的难题，或是提及你的事业获利减少时，都不是在谈论你所喜爱的事物；当你谈到一则负面新闻报道，或是一个令你生气或灰心的人或状况时，你不是在谈论你喜爱的事物；当你提到你今天过得很不顺、约会迟到、路上塞车或是错过公交车，这些都是在谈论你不喜欢的事物。每天的生活中都会发生很多小事，如果整天把你不喜欢的事情挂在嘴上，说个不停，那些小事就会为你的人生带来更多的难题和困境。

你必须谈论一天当中发生的好事，聊一聊顺利进行的会议，聊一聊你有多喜欢准时，聊一聊身体健康的感觉真美好，聊一聊你希望你的事业获利多少，聊一聊一天当中进展得很顺利的状况及与他人的互动。你必须谈论你喜爱的一切，才能将它们带到你面前。

如果你重复说着负面事物，或是大声抱怨你不喜欢的事情，其实是在把自己像只笼中鹦鹉一样关起来。你每谈论一次你不喜欢的事物，就替这个鸟笼多增加一根铁条；你把自己锁了起来，远离一切美好。

　　拥有美好人生的人时常谈论他们喜爱的一切。因为这样，他们得到无数通往生命中所有美好事物的通道，就像空中的鸟儿一样自由飞翔。所以，为了拥有美好人生，就冲破那禁锢你的牢笼吧！付出爱，只谈论你喜爱的事物，那么，爱将会让你自由！

"你们必晓得真理，真理必叫你们得以自由。"

耶稣（约公元前 5- 公元 30）
基督教创始人，《圣经》约翰福音第八章第三十二节

对爱的力量来说，没有什么事情是不可能的。无论你是谁、无论你面对的局面如何，爱的力量都能让你自由。

我认识一位女士，她仅仅借由爱，就冲出禁锢她的牢笼。这位女士很穷，而且在结束充满暴力阴影的二十年婚姻生活之后，还得面对独立抚养小孩的问题。尽管面临如此极端的困境，这位女士从不允许怨恨、愤怒或任何不好的感觉在她心里生根。她绝不说前夫的坏话，相反的，她只用正面思想和字眼来描述她梦想中完美而英俊的丈夫，以及她渴望的欧洲之旅。即使没钱旅行，她还是去申请并拿到了护照，而且买了她梦想中的欧洲之旅会用到的小东西。

后来，她真的遇到了她完美英俊的新任丈夫。而且婚后搬到她丈夫在西班牙的家，房子俯瞰着大海。现在，她在那里过着幸福快乐的日子。

这位女士拒绝谈论她不喜欢的一切，反而选择付出爱，想的、说的都是她喜爱的事物。因为这样，她让自己挣脱困境和痛苦，获得美丽的人生。

你可以改变自己的生命，因为你有无限的能力去思考和谈论你喜爱的一切，所以，你为自己带来生命中所有美好事物的能力也是无限的！然而，你拥有的力量远远不只是正向地思考并谈论你喜欢的事物，因为吸引力法则会回应你的思想**和**感觉。你必须**感受**到爱，才能驾驭它的力量！

"爱就完全了律法。"

圣保罗（约 5-67）

基督教使徒，《圣经》罗马书第十三章第十节

力量摘要

- 爱并不微弱、虚弱或软弱，它是生命中那股正向积极的力量！爱是所有正面和美好事物的起因。

- 你想成为、实现或拥有的一切都来自于爱。

- 爱的正面力量可以创造一切美好事物、增加美好的东西，并改变你生命中的任何负面事物。

- 每一天、每一刻，你都在选择要不要去爱，并运用这股正面力量。

- 吸引力法则就是爱的法则，它也是你生命中运行的定律。

- 在生命中，无论你给出去的是什么，收回来的就会是什么：给予正面事物，你接收回来的就会是正面事物；给予负面事物，你接收回来的就会是负面事物。

- 你生命中的一切都不是偶发的，你接收到的所有事物都是以你给出去的为基础。

- 无论你的思想和感觉是好是坏，都会像回声一样自动且精准地回到你身上。

- 拥有美好人生的人，更常想、更常谈到他们喜爱的事物，而不是不喜欢的东西！

- 谈论一天当中发生的好事，谈论你喜爱的一切，然后将它们带到你面前。

- 你有无限的能力去思考和谈论你喜爱的一切，所以，你为自己带来生命中所有美好的事物的能力也是无限的！

- 去爱吧，因为当你爱的时候，你就运作了宇宙间最伟大的力量。

感觉的力量

"秘密就藏在感觉里。"

纳维尔 · 高达德 (1905—1972)
新时代思想家

你是有感觉的存在体

打从你一出生，你总是有所感觉，其他人也一样。虽然你在睡觉时可以停止意识层面的思维，但你无法停止感觉，因为活着就是要感受生命。你的本质是一个有感受能力的"存在体"，所以你身体每个部分都被创造出来，好让你感觉生命的存在，这件事并非偶然！

你拥有视觉、听觉、味觉、嗅觉及触觉，让你可以感受到生命中的每一样事物。这些属于"感觉"机能，通过它们，你才能感受自己看到、听到、尝到、闻到及触摸到什么。你的整个身体都覆盖着一层细致的皮肤，它是感觉器官，所以你可以**感觉**到每一样事物。

你在每一刻的感觉，比什么都重要，因为你当下的感觉正在创造你的生命。

你的感觉是燃料

如果没有感觉，你的思想和言语就一点力量也没有。在一天当中，你想了很多事，但都没什么影响，因为很多思想并未在你心里引发强烈的感觉。**你感受**到什么才是真正重要的！

想象你的思想和言语是一艘火箭，而你的感觉是燃料。如果没有燃料，火箭就只是静止的运载工具，什么事也做不了，因为燃料正是那股驱动火箭的力量。你的思想和言语也一样，没有了感觉，它们就发挥不了任何作用，因为感觉是你思想和言语的力量！

如果你心想："真受不了我老板。"那个念头表达了你对老板的强烈负面**感觉**，而且你正在释放那个负面**感觉**。结果就是，你和老板的关系每况愈下。

如果你心想:"我跟一些很棒的人一起工作。"那些字眼传达了你对同事的正面**感觉**,而且你正在释放那个正面**感觉**。结果,你和同事的关系会越来越好。

> "必须唤出情绪,好在思想中注入 '感受',这样思想才能成为实相。"
>
> 查尔斯·哈尼尔 (1866-1949)
> 新时代思想家

美好的感觉与不好的感觉

就如同生命中的每样事物,你的感觉可以是正面,也可以是负面的;你会有好的感觉,也会有不好的感觉。所有美好的感觉都源自爱! 而所有负面的感觉都源自缺乏爱。你感觉越好 —— 例如当你感到喜悦时 —— 给出去的爱就越多;而你**给予**的爱越多,**得到**的就越多。

你的感觉越不好 —— 例如当你感到绝望时 —— 释放出去的负面能量就越多;而你释放出的负面能量越多,就会在生活中遇到更多负面事物。你之所以这么不喜欢负面感觉,是因为**爱**是生命中的正面力量,而在负面的感觉里却没有太多爱!

爱

感恩　　喜悦

热情　　兴奋

热忱　　希望

满足

恼怒　　厌烦

担忧　　失望

愤怒　　批评

嫉妒　　憎恨

绝望　　内疚

恐惧

　　你的感觉越好，在生命中得到的就越美好。

　　你的感觉越差，在生命中得到的就越糟 —— 直到你改变自己的感受为止。

　　当你感觉美好时，思想也会自动变得美好。你不可能同时拥有美好的感受和负面思想！同样的，对你而言，不好的感受和美好的思想也不可能同时存在。

　　你的感觉时时刻刻确切反映了你释放出去的一切，这是个高精确度的度量方式。当你感觉美好时，就不必担心其他事，因为你的思想、言语和行动都会是美好的。只要感觉良好，你就一定是在付出爱，而那份爱肯定会全部回到你身上！

好就是好

　　大多数人了解感觉美好或感觉很糟分别是什么样子，但却没有意识到自己大部分时间都处于负面感受中。一般人认为感觉不好表示感受到极端的负面情绪，例如悲伤、哀痛、愤怒或恐惧 —— 虽然那些的确属于不好的感觉，然而负面感受其实分很多程度。

　　如果你大部分时间都觉得"还好"，你可能会认为那个"还好"的感觉是正面的，因为你的感受并不是太差；如果你一直以来的感觉都很糟，然后现在觉得还可以，那么"觉得还好"当然比"觉得很糟"好得多了。然而，"还好"通常是一种负面感受，因为"还好"并不是"好"。感觉好就是感觉好！好的感受意味着你是快乐、喜悦、兴奋、充满热忱或热情的。当你只是觉得还好、普普通通，或是没什么感觉，那么你的人生就会是还好、普普通通或没什么！那不是美好人生。好的感觉意味着你真的觉得很美好，而真正觉得美好就能带来真正美好的人生！

　　"爱的限度就是无限度地去爱。"

　　　　　　　　　　　　圣伯纳德（1090-1153）
　　　　　　　　　　　　基督教修道士及神秘学家

　　当你觉得喜悦时，你就在释放喜悦，然后无论你身处何方，都会接收到喜悦的经验、喜悦的情境和喜悦的人。从听到电台里放着你喜欢的歌这种最微不足道的体验，到获得加薪这种比较重要的经历——你体验到的所有状况都是吸引力法则在回应你喜悦的感觉。而当你觉得恼怒时，你就在释放恼怒，然后无论你到什么地方，都会接收到令你恼怒的人事物，小至一只恼人的蚊子，大至车子抛锚，这些经验全都是吸引力法则对你恼怒的回应。

每个美好的感受都让你与爱的力量结合，因为爱是所有美好感觉的源头。充满热忱、兴奋及热情等感觉都源自爱，而当你持续感受到其中的任何一种，它们就会为你带来一个充满热忱、兴奋和热情事物的人生。

你可以借由提升美好感受的程度，来充分利用它的力量，方法是去掌控那个感受，并刻意强化它，尽可能让自己感觉美好。如果要强化热忱，就让自己沉浸在充满热忱的感觉中，通过强烈感受到那样的感觉，尽可能"挤"出充满热忱的感受！而当你感觉到热情或兴奋时，尽可能借由深入地感受，让自己沉浸其中，并强化那些感觉。你越是强化美好的感受，给出的爱就越多，然后你得到的结果将会很可观。

当你涌现任何美好的感觉时，也可以借由寻找自己喜爱的事物来强化它。在坐下来写这本书之前，我每天都会花几分钟强化美好的感受。我会一个接一个地想着所有我喜爱的事物，不停地数算：我的家人、朋友、家、园子里的花、天气、色彩、状况、事件，以及在那个星期、那个月或那一年之中发生过的、我喜欢的事。我在脑海中不断列出每一样事物，直到觉得棒透了为止，接着我才坐下来开始写作。强化美好感受就是这么容易，而且无论何时何地都可以做。

你的感觉反映了你给出去的是什么

你马上就能分辨出在人生的各个主要层面中，你给的比较多的是好感觉还是不好的感觉。你对人生每个主题 —— 例如金钱、健康、工作和人际关系 —— 的**感受**，都准确反映出你针对各个主题给出去的是什么。

当你想着金钱时，你的感受会反映你正送出什么样跟钱有关的讯息。如果你因为没有足够的金钱，所以想到钱的时候感觉不好，那你一定会碰到钱不够的负面情境和经验 —— 因为那是你释放出去的负面感觉。

当你想着你的工作时，你会从自己的感受中得知你正送出什么样跟工作有关的讯息。如果你对自己的工作感觉良好，一定会在工作中遇到正面的情境和经验 —— 因为那是你释放出去的正面感觉。而当你想到家人、健康或任何对你来说很重要的课题时，你的感觉都会告诉你，你正在给出什么。

"要留意你的心情和感受，因为你的感受与你的有形世界有着牢不可破的联结。"

纳维尔·高达德（1905-1972）
新时代思想家

　　生命中的一切都不是偶发，而是对你的**回应**。人生是由你决定的！你生命的各个层面都由你做主，你是你人生的创造者，你是你人生故事的作家，你是你人生电影的导演，你借由你给出去的，来决定自己的人生会是什么模样。

　　你可以感受到的美好感觉有无限层次，这表示你可以接收到的美好人生没有上限。而不好的感觉也可以依照负面程度分成许多层次，但它们是有底线的，超过这个程度，你就无法承受了，然后你会被迫再次选择美好的感受。

　　好的感觉让你觉得棒透了，而不好的感觉会让你觉得很糟，这并非偶然或意外。爱是掌控生命的最高力量，它通过美好的感觉来呼唤你、吸引你，让你活出你本该拥有的人生。爱也通过不好的感觉呼唤你，因为那些不好的感觉是在告诉你，你和生命的正面力量断了联结！

一切都跟你的感觉有关

　　生命中的一切都跟你的感觉有关。你是依据自己的感受来做人生中的每个决定，你整个人生唯一的驱动力就是你的感觉！

　　无论你想要什么，你之所以会想拥有它，是因为你喜爱它，因为它会让你**感觉**美好；而无论你不想要什么，你之所以不想拥有，是因为它会让你**感觉**不好。

　　你想要健康，是因为健康的感觉很好，而生病的感觉不好；你想要钱，是因为能买到你喜欢的东西、能做你喜欢的事让你感觉很好，而当你买不起或做不到时，就会涌现不好的感受；你想要愉快的人际关系，是因为它们让你觉得很美好，而不顺遂的关系会让你觉得很糟；你想要快乐，是因为快乐让你有美好的感受，而不快乐则让你感觉不好。

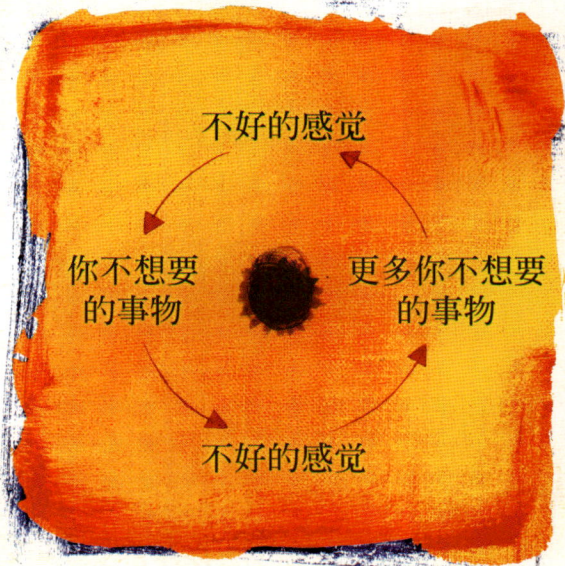

不好的感觉

你不想要
的事物

更多你不想要
的事物

不好的感觉

　　你想要的一切都是由它们将带给你的美好感受所推动的！而你要如何接收到你想要的美好事物呢？通过美好的感觉！金钱要你，健康要你，快乐要你，你所爱的一切都要你！它们急切地想涌进你的生命，但你必须给出好的感觉，才能把那些美好的事物带来。你不必挣扎、不必搏斗来改变自己人生的境遇，你所要做的就是通过美好的感觉付出爱，然后你想要的一切就会出现！

好的感觉

更多你想要
的事物

你想要
的事物

好的感觉

你的美好感受驾驭着爱的力量——生命中一切美好事物背后的力量。你的好感觉告诉你，这是通往你想要的事物的路；你的好感觉告诉你，当你觉得很好时，生命就会很好，但你必须先给出美好的感觉！

如果你一辈子都在对自己说"等我有个更好的房子，我就会快乐""等我有一份工作或获得升迁时，我就会快乐""等我的孩子念完大学，我就会快乐""等我们有了更多钱，我就会快乐""当我可以去旅行时，我就会快乐"，或是"当我的事业成功时，我就会快乐"，那你永远无法拥有那些事物，因为你的思想违反了爱的运作方式，抵触了吸引力法则。

你必须先快乐，然后**付出**快乐，才能**得到**让你快乐的事物！事情一定是这样发生的，没有其他方式，因为无论你想**接收**到什么，一定要先**给**！你的感觉由你掌控，你的爱也是，而不管你给出去的是什么，爱的力量都会将它送回来给你。

力量摘要

- 你在每一刻的感觉，比什么都重要，因为你当下的感觉正在创造你的生命。

- 你的感觉是你思想和言语的力量，你感受到些什么才是真正重要的！

- 所有美好的感受都源自爱！而所有负面的感觉都源自缺乏爱。

- 每个美好的感受都让你与爱的力量结合，因为爱是所有美好感觉的源头。

- 你可以借由想着自己喜爱的一切来强化美好的感觉，一个接一个地数算你喜欢的东西，不断列出每一样事物，直到觉得棒透了为止。

- 你对人生每个主题的感受，都准确反映出你针对各个主题给出去的是什么。

- 生命中的一切都不是偶发，而是对你的回应！你人生的每个课题都由你做主，而你借由你给出去的，来决定自己的人生会是什么模样。

- 你可以感受到的美好感觉有无限层次，这表示你可以接收到的美好人生没有上限。

- 你所爱的一切都要你！金钱要你，健康要你，快乐也要你。

- 不要挣扎、搏斗着改变自己人生的境遇，通过美好的感觉付出爱，你想要的一切就会出现！

- 你必须先给出美好的感觉。你必须先快乐，然后付出快乐，才能得到让你快乐的事物！无论你想接收到什么，一定要先给！

41

感觉频率

感觉得到，就接收得到

　　宇宙中的每样事物都有吸引力，而且都有个吸引力频率，你的感觉和思想也是。好的感觉代表你在爱的正面频率上，不好的感觉则表示你处于负面频率。无论你的感觉是好是坏，都会决定你的频率，然后你就会像块磁铁一样，吸引处于同样频率的人事物！

　　如果你觉得充满热忱，你热情的频率会吸引热情的人、情境和事件；如果你觉得恐惧，你恐惧的频率会为你引来可怕的人事物。你从来不用怀疑自己目前处于何种频率，因为你的频率总是对应你当下的感觉！而你任何时候都可以借由改变感受来改变自己的频率，然后你周遭的一切也将因你进入新的频率而产生变化。

　　以你人生中的任何一种情境为例，所有结果都可能发生，因为你对那个情境可以产生任何感觉！

　　一段人际关系可以处在快乐、喜悦、兴奋、满足或任一种美好感觉的频率上，也可以处在让人无聊、挫折、担忧、愤恨、沮丧或任一种坏感觉的频率。这段关系可能产生任何结果，而你的感觉将决定会发生些什么。你对这段关系产生什么样的感觉，你之后就会接收到什么；如果你大部分时间都觉得很愉悦，就是在付出爱，然后你一定会通过这段关系接收到爱与喜悦，因为那就是你所在的频率。

　　"改变感受就能改变命运。"

纳维尔·高达德 (1905-1972)
新时代思想家

　　看看下页这张感觉频率清单，你会发现，无论是人生的哪一个课题，都存在着许多不同的感觉频率，而通过你的感受，你决定了每个课题的结果！

　　你可以对金钱感到兴奋、快乐、喜悦、充满希望、担忧、恐惧或沮丧，你可以对你的健康感到欣喜若狂、热情、幸福、灰心或紧张，这些都是不同的感觉频率，而你所处的频率决定了你会得到的结果。

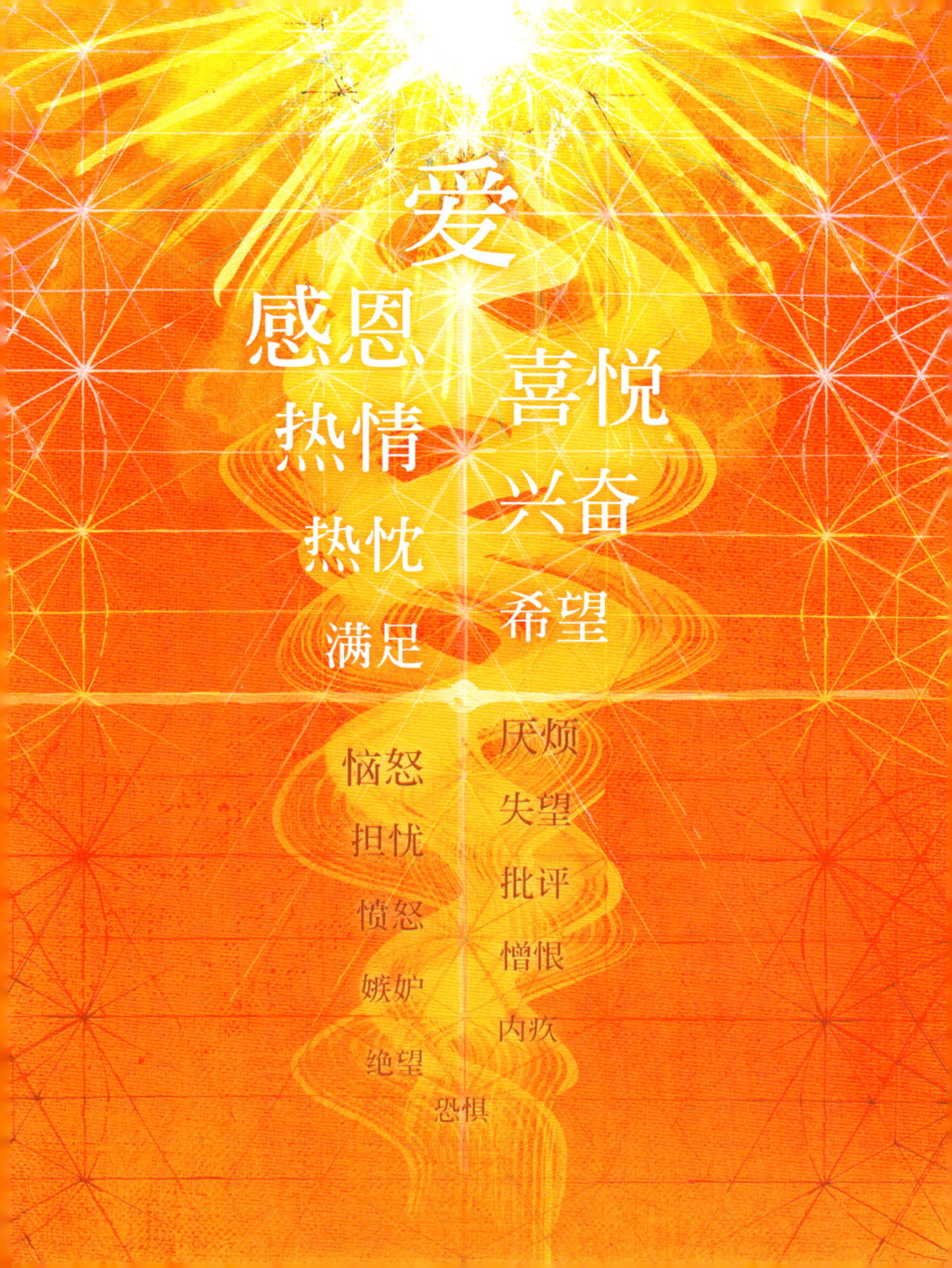

爱

感恩

热情

热忱

满足

喜悦

兴奋

希望

恼怒

担忧

愤怒

嫉妒

绝望

恐惧

厌烦

失望

批评

憎恨

内疚

　　你可能想去旅行，但如果你对于没有钱去玩很失望，那么针对旅游这件事情，你是感到失望的。而觉得失望代表你在失望的频率上，你就会持续接收到无法去旅游的失望状况，直到你改变感受为止。爱的力量会促成让你可以去旅行的一切情境，但前提是，你必须处于美好感觉的频率上才能得到。

　　当你改变对某个状况的感受时，你就发出了一个不同的感觉，处于不一样的频率上，而那个状况就**必须**改变，才能反映出你的新频率。如果你的人生中发生了某件负面的事，你可以改变它，永远不嫌晚，因为你随时都能改变自己的感受。无论面对什么样的课题，如果想要得到自己喜爱的一切，想要把任何事物变成自己喜欢的样子，你**只需做**一件事，就是改变你的感受！

"想要找到宇宙的秘密，就从能量、频率和振动等方面来思考。"

尼古拉·特斯拉（1856-1943）
无线电及交流电发明者

别把感觉设定成自动驾驶模式

　　大多数人不知道美好感觉的力量，所以他们的感觉往往只是在回应所发生的事件。他们把自己的感觉设定在自动驾驶模式，而不是刻意去掌控感受。好事发生时，他们觉得很好；坏事发生时，他们的感觉就变差。这些人不了解，其实他们的感受才是所发生事件的**成因**。当他们用负面感觉去回应已经发生的某件事情时，就**释放出**更多负面感受，然后他们会**接收到**更多负面情境。这些人被自己的感觉困在一个轮回中，他们的人生就像在滚轮里拼命奔跑的仓鼠一样，哪儿也去不了，因为他们不明白，如果想改变生命，就必须改变他们的感觉频率！

　　"重要的不是发生在你身上的事，而是你对它的反应。"

爱比克泰德 (55-135)
哲学家

　　如果你没有足够的钱，自然对金钱不会有美好的感觉，但是当你对钱没有好感觉时，你的钱绝不会变多。如果你对金钱释放出负面感受，就是处于负面频率，然后你将会接收到负面情境，例如巨额账单或东西坏了，都是一些会榨干你的钱的状

况。当你用负面感觉回应一张巨额账单时，你就释放出更多对金钱的负面感受，那会为你带来更多耗尽你的钱的负面情境。

每一秒钟都是一个改变生命的机会，因为你随时都能改变自己的感受。你在这之前有什么感觉、你认为自己犯过什么错通通不重要，只要改变感受，你就能进入不同的频率，而吸引力法则会立刻回应！当你改变自己的感受，过去的就过去了！当你改变自己的感受，你的人生也随之发生变化。

"不要浪费时间后悔，因为带着感叹去回想过去所犯的错，只会再次影响自己。"

纳维尔·高达德 (1905-1972)
新时代思想家

爱的力量没有借口

如果你的人生并未充满你喜爱的事物，不代表你不是一个善良慈爱的人。我们每个人的人生目的正是借由选择爱来克服负面性，问题是，大多数人会一下子爱、一下子不爱，一天来回好几百次。他们没有花足够的时间付出爱，好让爱的力量推动所有美好的事物进入他们的生命中。想想看，前一刻你借由给所爱的人一个温暖的拥抱而付出爱，下一刻你却因为找不到钥匙、塞车迟到或找不到停车位而生气，于是停止付出爱；当你和同事一起大笑时，你付出了爱，接着却因为你想吃的食物卖完了而生气，于是又不爱了；当你期待周末来临时，你付出了爱，接着因为收到账单，你又停止去爱了。一整天你就持续着这样的过程：一下子爱、一下子不爱，一下子爱、一下子不爱，一下子爱、一下子不爱。

你要不是在给予爱，并驾驭这股爱的力量，不然就是没有这么做。如果找借口解释自己为何不爱，你就无法驾驭爱的力量。找借口或辩解为何没有去爱，只会为你的人生增加更多负面能量。当你为自己没有付出爱找理由时，你再度感受到同样的负面能量，于是你会释放出更多！

"执怒就像握了一把要丢向他人的热煤炭，被烫伤的人反而是你。"

佛陀（公元前 563- 前 483）
佛教的创始人

如果你因为约会搞砸了而生气，并且把这件事怪到对方头上，你就是把责怪当成不付出爱的借口。但吸引力法则只会接收到你给出去的，所以如果你给出去的是责备，接收回来的一定也是跟责备有关的情境——不见得是之前你怪罪的那个人回过头来责备你，但很确定的是，你一定会碰到被责怪的状况。爱的力量没有借口，你付出什么，就会得到什么——就是这样。

每一件小事都包含在内

责备、批评、找碴和抱怨是负面能量的各种形式，全都会带来纷争。每当你小小地抱怨一下、批评一下，你都在释放出负面能量。当你抱怨天气、交通、政府、伙伴、儿女、父母、排队长龙、经济、食物、身体、工作、顾客、事业、物价、噪声或服务时，看起来虽然无伤大雅，但这样的行为会为你带来一大堆负面状况。

请丢掉**讨厌**、**糟透了**、**恶心**及**坏到极点**之类的词汇，因为当你说出这几个词时，随之而来的是强烈的感觉。你说出来，它们一定会回到你身上，这意味着你替自己的人生贴上了这些标签！你不觉得多多使用像**了不起**、**棒透了**、**好得不得了**、**妙极了**及**超级精彩**这样的字眼，是个不错的主意吗？

　　你可以拥有任何你喜爱、你想要的事物,前提是必须与"爱"和谐一致, 这表示你不能找借口不付出爱。借口和辩解会让你无法得到自己想要的一切, 无法拥有美妙的人生。

　　"我们送到别人生命里的, 会全部回到自己身上。"

　　　　　　埃德温·马克姆(1852-1940)
　　　　　　　　　　　　　　诗人

　　当你投诉某家商店的店员, 接着几个小时后, 你接到一通邻居打来抱怨你家的狗乱吠的电话时, 不会注意到其中的关联;当你跟朋友边吃午饭边说一个共同的朋友的坏话, 然后回到工作岗位上却发现你和大客户之间出现了严重的问题时, 不会注意到其中的关联;当你边吃晚餐时边谈论一则负面新闻, 而那天晚上你因为胃不舒服而睡不着时, 也不会把这两件事联想在一起。

　　你在街上停下来帮某人捡拾他掉落的东西, 接着十分钟后马上找到一个就在超市门口外的停车位, 你不会注意到其中的关联;你愉快地帮孩子做功课, 隔天获知你的退税金会比你预期的还多时, 不会注意到其中的关联;你帮朋友一个忙, 然后那个星期你的老板给你两张运动比赛的免费入场券时，你不会把这两件事联想在一起。无论你知不知道其中的关联，在人生的每一刻、每个情境中，你都在接收你给出去的。

"没有一件事因外在世界而起，所有的事情都是由内在产生的。"

纳维尔·高达德（1905-1972）
新时代思想家

临界点

如果你给出去的思想与感觉，有超过百分之五十是正面的，你就来到了临界点。即使你只释放出百分之五十一的美好思想和感觉，还是能使你人生的天平倾斜！下面就要告诉你为什么。

当你付出爱时，它不只会化为你喜爱的正面情境回到你身上，当它回来的时候，甚至会为你的人生增加**更多**爱和正面能量！然后新的正面能量会吸引**更多**正向事物，增加了更多爱和正面能量到你的生命中，如此持续下去。每样事物都有吸引力，当你身上发生好事时，它会像磁铁一样引来更多好事。

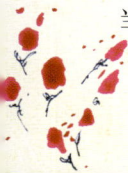

　　你也许有过这样的经验：当你因为好事一件接一件发生，而说自己"好事不断"或"好运连连"时，好事情就会一直出现。会有这种状况，唯一的原因就是你释放出的爱多于负面能量，然后当爱回到你身上时，为你的生命增加了更多的爱，接着引来了更多美好的事物。

　　或许你也有过相反的体验：当某件事出错时，其他事情会开始接二连三地发生状况。这是因为你释放的负面能量多于爱，而当负面能量回到你身上时，为你的生命增加了更多负面能量，接着吸引了更多负向事物。也许你认为那些时候是"衰运连连"，但它们和运气一点关系也没有。吸引力法则在你的生命中精准地运作着，而那些时刻——无论是好是坏——只是单纯反映你付出的爱或负面能量的比例而已。"好事不断"或"衰运连连"的状况之所以会改变，唯一的原因就是你在某个时间点上借由你的感觉，让天平朝另一端倾斜。

　　"通过这个方式，你可以拥有冥冥中受到保护的人生，永远不受任何伤害；通过这个方式，你可以成为一股正向力量，将各种丰饶与和谐的情境吸引到你身边。"

查尔斯·哈尼尔（1866-1949）
新时代思想家

　　要改变自己的人生，你所要做的就是通过你美好的思想和
感觉付出百分之五十一的爱，来使天平倾斜；一旦你到达给出
的爱多于负面能量的临界点，回到你身上的爱就会因为通过吸
引力法则吸引了更多爱而倍增。突然间，你体验到美好事物来
得越来越快、越来越多！现在你生命的各个层面加倍出现更多
美好的事物，而不是负向事物——这就是你的人生本来应该有
的模样。

　　每天早上醒来时，你都站在一个临界点，一边让你过着充满美好事物的一天，往另一边走，你那一天则会遇到许多问题，而你是那个决定你当天好不好过的人 —— 通过你的感觉！你感受到什么，就释放出什么，而那正是你当天必然会接收到的，它会如影随形地跟着你。

　　当你以愉快的心情展开一天，而且持续感到快乐时，你那一天会过得很美好！但如果你在一天之始就心情不好，而且没有做任何事去改变坏情绪，你那一整天就会过得很糟。

　　一整天都带着美好的感受，不只能改变当天，也能改变明天、改变你的人生！如果一直维持着好感觉，连上床睡觉时也是，隔天你就会以一股充满美好感觉的动力开始新的一天。当你尽可能持续感受到美好时，通过吸引力法则，你的好感觉会一直倍增，如此一天一天地持续下去，然后你的人生就变得越来越美好了。

　　"活在今天 —— 不是昨天，也不是明天，就是今天。活在当下，不要把当下借给明天。"

　　　　　　　　　　　杰瑞·史宾尼利（生于 1941 年）
　　　　　　　　　　　　　　　　　　儿童作家

　　许多人不为今天而活，他们全神贯注在未来，然而未来是由我们度过**今天**的方式所创造的。你**今天**感觉到的才重要，因为**只有**它才能决定你的未来。每一天都是一个通往全新人生的机会，因为你每天都站在你人生的临界点上；而你在任何一天都能改变未来 —— 通过你的感觉。当你让天平往美好感觉那一边倾斜时，爱的力量将会快速改变你的人生，快到你难以置信。

力量摘要

- 宇宙中的每样事物都有吸引力，而且都有个吸引力频率，你的感觉和思想也是。

- 无论你的感觉是好是坏，都会决定你的频率，然后你会吸引处于同样频率的人事物。

- 任何时候都可以借由改变感受来改变自己的频率，然后你周遭的一切会因为你进入新的频率而产生变化。

- 如果你的人生中发生了某件负面的事，你可以改变它，永远不嫌晚，因为你随时都能改变自己的感受。

- 许多人把自己的感觉设定在自动驾驶模式，他们的感觉往往只是在回应所发生的事件。然而这些人不了解，其实他们的感受才是所发生事件的成因。

- 要改变任何一件事 —— 无论是跟金钱、健康、人际关系或任何人生课题有关的状况 —— 你必须改变自己的感觉！

- 责备、批评、找碴和抱怨是负面能量的各种形式，它们带来的没有别的，只有纷争。

- 丢掉"讨厌""糟透了""恶心"及"坏到极点"之类的词汇，多多使用像"了不起""棒透了""好得不得了""妙极了"及"超级精彩"这样的词。

- 即使你只释放出百分之五十一的美好思想和感觉，还是能使你人生的天平倾斜！

- 每一天都是一个通往全新人生的机会，因为你每天都站在你人生的临界点上；而你在任何一天都能改变未来——通过你的感觉。

力量与创造

> "你生命中的每一刻都有着无限的创造力，而且宇宙是无尽的丰足。只要提出一个够清楚的请求，你内心渴望的一切必定会来到你面前。"
>
> 莎克蒂·高文 (生于 1948 年)
> 作家

在接下来的几个章节中，你会学到驾驭爱的力量来得到金钱、健康、工作、事业和人际关系有多么容易。有了这样的知识，你就能将人生改变成你想要的任何模样。

想要实现某个愿望，请依循以下"创造过程"的简单步骤去做。无论是要带来你渴望的某样东西，或是改变你不想要的某件事，程序都是一样的。

创造过程

想象它。感觉它。接收它。

1. 想象

专心想象你渴望的事物。想象你自己**正**与你渴望的在一起，想象你正在**使用**你想要的东西，想象你**已经拥有**你渴望的一切。

2. 感觉

在想象的同时，一定要对你正在想象的事物**感觉到**爱。你要想象并**感觉到**你正与自己所渴望的在一起，要想象并**感觉到**你正在使用自己想要的东西，要想象并**感觉到**已经拥有你渴望的一切。

想象力联结了你和你想要的所有事物。你的渴望加上爱的感觉就创造了吸引力，能把你渴望的一切带来给你。这样就完成了你在创造过程中所负责的部分。

3. 接收

爱的力量会通过大自然的有形和无形力量运作，把你渴望的事物带来给你。它将利用各种人事物，把你喜爱的一切带过来。

　　无论你渴望的是什么，都必须全心全意地要它。渴望**就是**爱，如果心中没有炽热的欲望，你就不会有足够的动力去驾驭爱的力量。你必须真正渴望你想要的事物，就像运动员渴望从事某项运动、舞者渴望跳舞、画家渴望画画一样。你一定要全心渴望你所要的，因为渴望是一种爱的感觉，而你必须付出爱，才能得到自己喜爱的一切！

　　无论你想成为什么样的人、想做什么样的事、想拥有哪些东西，其创造过程都是一样的。你要付出爱才能得到爱，你得想象它，感觉它，然后接收它。

　　在运用创造过程时，要想象并感受到你已经拥有你想要的事物，而且不要脱离那样的状态。为什么？因为无论你给出去的是什么，吸引力法则都会复制，所以你一定要想象并感觉到现在就已经拥有你想要的事物！

　　如果你想减肥，那么就通过想象和感觉到自己已经拥有你理想中的身材来付出爱，而不是每天都想象并感受到自己太胖；如果你想去旅行，那么就通过想象和感觉到自己正在旅行来给出爱，而不是每天都想象你没钱去玩；如果你想在运动、演戏、歌唱、乐器演奏、某项嗜好或工作上有更好的表现，就要借由想象并感觉到你已经成为自己想要的模样来给出爱；如果你想拥有一段更美好的婚姻或亲密关系，那就要通过想象并感受到自己拥有那样的关系时会是什么样子，而付出爱。

"所谓信念，是指相信你尚未看到的事；而拥有如此
信念的回报就是，你必将看到所确信之事。"

圣奥古斯丁（354-430）
神学家及主教

刚开始运用创造过程时，可以先从吸引一些不常见的事物开始。当你特别去吸引某样不常见的东西而真的接收到时，就不会再怀疑自己的力量。

有个年轻女士就选择从吸引一朵白色海芋开始。她想象自己手里捧着花、闻着花的味道，并感觉到拥有了那朵花。两个星期后，她去朋友家吃晚餐，餐桌的正中间就摆着一束白色海芋，正是她想象中的花和颜色。她很兴奋可以看到海芋，不过她没有跟朋友提起她想象中的花。结果她当天晚上要回家、正走出门外时，朋友的女儿从花瓶里摘下一朵海芋，放在她手上！

"创造始于想象。你想象自己所渴望的一切，并下定决心要得到，最后你就能创造出你决意要得到的一切。"

　　　　　　萧伯纳（1856-1950）
　　　　　　获诺贝尔文学奖的剧作家

付出它——接收它

　　要记住，吸引力法则指出，无论你给出去的是什么，都一定会收回来。你可以把吸引力法则想成镜子、回音、回力棒或复印机，这样会更明白到底要想象并感觉些什么。吸引力法则就像一面镜子，因为镜子可以确切反映它前面的东西；吸引力法则就像回音，无论你喊出哪些话，传回来的回音是一模一样的内容；吸引力法则就像回力棒，你丢出去，它一定会回到你手上；吸引力法则也像复印机，无论你放进去的文件内容是什么，它都可以完全复制，然后你会拿到一模一样的复印本。

　　几年前我去巴黎工作，走在某条街上时，有一位女士匆匆忙忙地从我身边走过，身上穿着我见过最美丽的裙子，繁复的细节诠释了巴黎风格。我对那条裙子的反应是"爱"："多么漂亮的裙子啊！"

几个星期后，我回到澳大利亚墨尔本。有一天，我很开心地开车上班，却因为某辆车的驾驶员企图在十字路口违规掉头而被迫停车。当我转向车窗外看着店家橱窗时，发现了巴黎街上那位女士穿的裙子，款式一模一样，我简直不敢相信自己的眼睛。抵达办公室后，我打电话给那家店，得知他们收到来自欧洲的那款裙子只有一条，就是橱窗里那一条。当然，那条裙子完全符合我的尺寸。当我去店里要把它买下来时，已经降到半价，而且店员告诉我，他们其实没有订那条裙子，它就那么意外地出现在那次的订单里！

我只做了一件事，就把那条裙子带到我面前：去爱它。从巴黎到澳大利亚郊区的街上，一模一样的裙子通过种种状况和事件，来到我面前。这就是爱的吸引力！这就是爱的吸引力法则发挥了作用。

想象力

"这个世界不过是我们想象力的画布而已。"

亨利·戴维·梭罗（1817–1862）
超验主义作家

当你想象自己渴望且热爱的任何正面事物时，就是在驾驭爱的力量。当你想象某件正面、美好的事物，并感觉到对它的爱时，你就给出了爱——而那是你将得到的东西。如果你可以想象到它、感觉到它，接下来你就可以接收到它，不过你所想象的一定要出于爱！

无论你想象的是什么，都不能伤害到另一个人。想象某件会伤到别人的事并非出于爱，而是来自缺乏爱。而可以确定的是，任何负面能量——即使是想象出来的——都会以同等猛烈的力道回到释放出负面能量的那个人身上！给出什么，**你**就会得到什么。

不过我想告诉你一件很棒的事，跟爱的力量和你的想象力有关：你所能想到最棒、最美好的事，跟爱的力量可以给你的比起来，都显得微不足道。爱没有界限！如果你希望充满活力且快乐，并对人生有着无法言喻的热忱，那么爱的力量可以带给你的健康和快乐，程度远大于你所想象。我之所以告诉你这些，是为了让你开始打破你想象力的界限，不要再为自己的人生设限。要把你的想象力推到极致，无论你要的是什么，都尽可能去想象你所能想到最棒、最美好的状态。

挣扎度日的人和拥有超棒人生的人，两者的区别只在于一件事——爱。那些拥有美好人生的人会想象他们喜爱和渴望的事物，而且对于所想象的一切，他们**感受到**的爱多于其他人！挣扎度日的人则无意中把想象力用在他们不喜欢、不想要的一切，并且**感受到**他们所想象事物的负面性。道理就是这么简单，但它对人们的生命却造成极大的不同，而你随处都可以看见个中差异。

"大师心智的秘密，就在于想象力的全然运用之中。"

克里斯汀·拉尔森（1874-1962）
新时代思想家

历史证明，勇于想象不可能之事的人，就是打破人类所有限制的人。在人类致力发展的每个领域中，无论是科学、医学、运动、艺术或科技，那些勇于想象不可能之事的人，他们的名字都被载入史册。借由打破自己想象力的界限，他们改变了这个世界。

你的整个人生就是你曾想象会拥有的。你拥有或没有的一切、你人生的每个情境都是你想象的模样——问题是，许多人想象的是最糟的状况！他们把最佳工具拿来对付自己。大多数人不去想象最好的情况，反而活在恐惧中，并想象所有他们可能出的错；而只要他们持续想象并感觉到那些事情，它们就一定会发生了。你给出去的是什么，就会接收到什么，所以在你

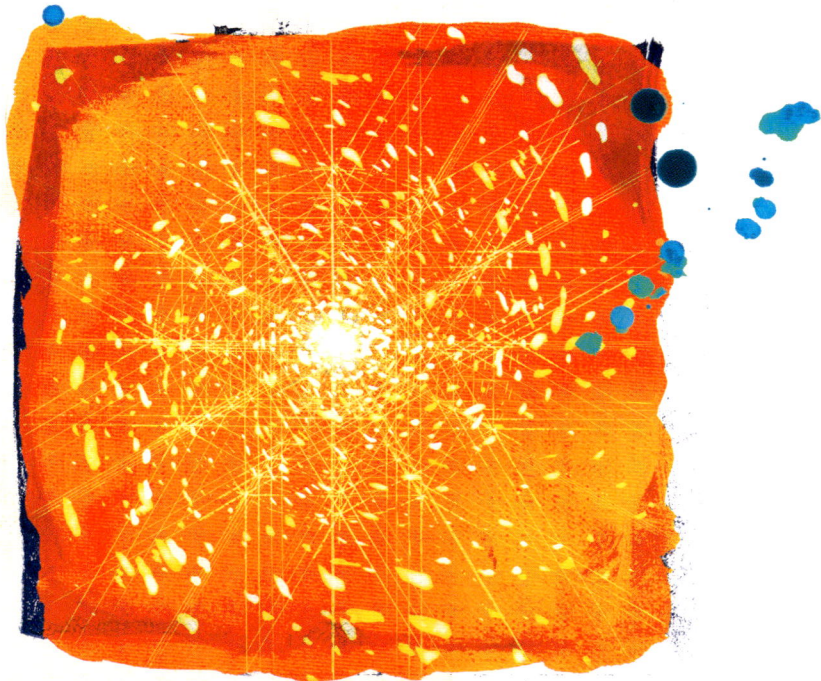

人生的各个领域，你都要尽可能感觉并想象最棒的，因为你所能想象到的最好状况，对爱的力量而言，都是**小事一桩！**

我们全家人搬到美国定居之后，也把十五岁的老狗——凯比——接过来。凯比到达后没多久，某天晚上，它从篱笆上的小洞钻出去。由于我们家靠山，所以情况很不妙。在黑暗中，我们沿着街道和通往山上的小径寻找，却到处都找不到它。

我和女儿在找狗时，"苦恼"的种种负面感觉开始增加。我知道我们必须停止搜寻，然后马上改变心里的感受。负面的感觉让我们知道自己正在想象最糟的状况，我们必须立刻改变感受，并开始想象最好的情形。在那一刻，什么样的结果都可能发生，而我们必须借由想象并感觉到凯比在家，来选择"它安全回到我们身边"这样的结果。

我们于是回家去，假装狗儿跟我们在一起。我们把食物放在它的碗里，仿佛它还在；我们想象听到凯比在玄关走动时项圈发出的铃铛声；我们跟它说话、叫它的名字，仿佛它就在那里；而我女儿上床睡觉时，想象她十五年的好朋友正像往常一样，睡在她床边。

结果隔天一大早，我们在山下的某棵树上发现一张纸条，上面说有人捡到一只小狗，就是凯比。正如我们想象的一样，我们的狗安全回家了。

无论身处什么样充满挑战的状况，都要想象最好的结果，而且要感觉到！当你这么做的时候，将能改变现状，把它变成你想要的模样！

你所能想象的一切都已经存在

"创造只不过是把已经存在的东西投射成有形的物体而已。"

《圣典博伽瓦谭》(9世纪)
古印度经典

　　无论你所能想象的愿望是什么，它早已存在！它是什么并不重要，只要你想象得到，它就已经存在于创造之中。

　　五千年前的古老文字就记载着，所有的创造都已完成，任何可能被创造的事物都已存在。而五千年后的现在，量子物理学也证实了，任何事物的每个可能性，此刻已经存在。

"天地万物都造齐了。"

《圣经》创世记第二章第一节

　　对你和你的人生而言，这代表的意义是：无论你想象生命中要有些什么，它们都早已存在。你不可能想象出不存在的事物。创造已经完成，每个可能性都存在，所以当你想象自己打破世界

纪录、到远东地区旅行、身体健康或成为父母，你做那些事的可能性此刻就已存在创造之中！如果它们尚未存在，你没有办法想象。想把你渴望及热爱的一切从无形世界带进你有形的人生，你所要做的就是通过想象力和感觉，对你想要的一切付出爱。

想象你要的生活方式，想象你要的每一样事物。每天都运用想象力，**想象如果**你的人际关系都很融洽，会是怎样；**想象如果**你的工作成效突飞猛进，感觉如何；**想象如果**你拥有可以让你去做自己喜欢的事的金钱，你的人生会怎样；**想象如果**你非常健康，你有什么感觉；**想象如果**你可以去做想做的事，感觉如何。运用你所有的感官去想象你想要的一切。如果你想去意大利玩，就想象自己闻到了橄榄油的味道、品尝了意大利面、听见有人对你说意大利文，也触摸到罗马竞技场的石头，然后感觉自己身处意大利！

在跟别人或自己对话时，可以多说**"想象一下，如果……"**，然后用你想要的事物把句子剩下的部分填完！如果你和朋友聊天时，他一直抱怨同事升了职，他却没有，你就可以说："想象一下，如果你没有得到那个升迁机会，是因为你可能被调到更高的职位、拿到更多薪水呢？"因为事实上，你的朋友被提升到更高的职位、薪水拿得更多的可能性早已存在，如果他可以想象并感受到这个可能性，就可以接收到！

"原子或基本粒子本身并不真实；它们形成了一个充满
潜力或可能性的世界，而不是一个由东西或事实组成的
世界。"

沃纳·海森堡（1901-1976）
获诺贝尔奖的量子物理学家

善用你的想象力，创造一些可以让你感觉良好的游戏。不
管你想象的是什么，它们都在等着你、都已经在无形世界中被
完全创造出来，而要让它们成为看得见的有形事物，就得通过
想象并感觉到你喜爱的一切，来驾驭爱的力量。

有一位年轻女士在大学毕业后试着找一份工作，努力了好
几个月都找不到。她最大的障碍就是明明没有工作，却要想象
自己已经有了。这位年轻女士每天都在日记上写着她很感谢来
到自己面前的工作，但依然找不到。然后，她突然领悟了：她
拼了命地找工作，等于是大声跟吸引力法则说她没有工作。

所以，这位年轻女士做了下面这些事情，改变了一切：她
决定运用自己的想象力，过着如同已经有工作的生活。她把闹
钟设定在很早的时间，就像要去上班一样；她在日记上写的不
再是她很感激即将来临的工作，而是感谢她在工作上获得的成
就，也感谢和她一起工作的同事；她每天计划着要穿什么衣服

上班; 另外, 她还开立了一个薪水专用的账户。在那两个星期内, 她觉得自己好像真的已经有工作了, 后来出乎意料地有位朋友告诉她某个招聘信息。她前去面试, 顺利得到那份工作, 然后也接收到她在日记里写下的每一件事。

利用道具让自己融入情境

> "每当你允许自己的思想被其他人事物牵着走时, 就是没有遵循内心的声音; 你并未顺从自己的渴望, 而是附和别人的。要善用你的想象力, 来决定要想什么或要做什么。"
>
> 克利斯汀·拉尔森 (1874–1962)
> 新时代思想家

在运用创造过程时, 请善用任何道具, 来让你感受到自己已经拥有想要的一切。把衣服、图片、照片及相关物品布置在周遭, 这样你就可以想象并感觉自己已经拥有想要的事物。

　　如果你想要新衣服，先确定你的衣橱里有空间、有空的衣架可以放新衣服；如果想要得到更多金钱，那你的皮夹里是不是有地方装钱，或者里头塞满了一堆不相干的小纸片？如果想拥有一个完美伴侣，你必须想象并感觉到那个人现在就和你在一起——你是睡在床中间，或者因为你的伴侣睡在床的其中一边，所以你睡在另一边？如果你的伴侣现在和你在一起，你会只使用衣橱的一半空间，因为你伴侣的衣物会放在衣橱的另一半。你布置的餐桌是两人或一人用的？再准备一个空位是你马上可以做到的小事。你的日常行为尽可能不要抵触自己的愿望，你反而要善用身边的许多道具，让你觉得自己仿佛已经拥有想要的一切。这些都是你可以利用道具和想象力做到的简单小事，却拥有不可思议的强大力量。

　　有位女士就利用道具和她的想象力，得到了一匹马。她这辈子一直想要一匹马，却买不起。她想要的是栗色摩根骟马，而一匹摩根马要数千美元，于是她便想象每次从厨房窗户向外望时，就能看见那样的马；她将栗色摩根马的照片设定成笔记本电脑的桌面图片，而且只要一有机会，她就随意画马；虽然还买不起，她仍然开始去看要出售的马匹；另外，她带孩子去某家店一起试穿马靴，也看了马鞍，然后买下她负担得起的一些东西，例如马毯、绳索及马刷等，并陈列在她每天看得到的地方。一段时间之后，这位女士去参加镇上的一场马匹展览会。

那场展览会上有个抽奖活动，最大奖就是一匹栗色摩根骟马，就跟她想象的一模一样！结果她当然抽到大奖，得到了她的马！

感官也是道具，所以请使用你所有的感官帮助你去感觉自己已经拥有想要的一切。以皮肤感受你想要事物的触感，尝一尝，闻一闻，看一看，听一听！

有位男士就运用感官为自己带来好几份工作机会。他在三年内申请了七十五个职位，却没有得到任何一份工作，但接着他使用了想象力和所有感官，去想象自己已经拥有梦想中的工作。他想象新办公室的每个细节：在想象世界中，他敲打电脑键盘上的按键、闻到新的大红木办公桌上的家具亮光蜡所散发出的柠檬香味；他想象同事的样子，帮他们取名字，跟他们聊天、开会。他甚至吃墨西哥卷饼当午餐。七个星期后，这位男士开始收到面试的通知，然后要求第二次面试的通知也不断出现。后来，他得到很棒的工作机会，而且不止一个，是两个。他接受了他最喜爱的那一个——那正是他梦想中的工作！

你要了解到，当你完成自己在创造过程中负责的部分时，创造就已经完成了！你不再处于那个并未拥有你想要的一切的旧世界，即使还看不见，但你已经进入一个新世界，那个世界包含你要的所有事物。你要知道，你会得到你想要的！

力量摘要

- 想驾驭生命中的爱的力量带来你渴望的某样东西，或是改变你不想要的某件事，程序都是一样的：想象它，感觉它，然后接收它。

- 想象力联结了你和你想要的所有事物。你的渴望加上爱的感觉就创造了吸引力，能把你渴望的一切带来给你！

- 要想象你正与自己所渴望的在一起，同时对你正在想象的事物感觉到爱。

- 要全心渴望你所要的，因为渴望是一种爱的感觉，而你必须付出爱，才能得到自己喜爱的一切！

- 当你想象自己渴望且热爱的任何正面事物时，就是在驾驭爱的力量。要把你的想象力推到极致，无论你要的是什么，都尽可能去想象你所能想到最棒、最美好的状态。

- 无论你所能想象的愿望是什么，它早已存在！它是什么并不重要，只要你想象得到，它就已经存在于创造之中。

- 在跟别人或自己对话时，可以多说"想象一下，如果……"，然后用你想要的事物完成这个句子！

- 善用道具，把衣服、图片、照片及相关物品布置在周遭，这样你就可以想象并感觉自己已经拥有想要的事物。

- 感官也是道具，所以请使用你所有的感官帮助你去感觉自己已经拥有想要的一切。感受一下，尝一尝，闻一闻，看一看，听一听！

- 当你完成自己在创造过程中负责的部分时，就已经进入一个新世界，那个世界包含你要的所有事物——即使还看不见。你要知道，你会得到你想要的！

感觉就是创造

"每当你的感觉和愿望产生冲突时，感觉将会是胜利者。"

纳维尔·高达德 (1905-1972)
新时代思想家

感觉的磁场

我想让你了解当你通过美好的感觉付出爱时，会发生什么事，因为它的力量真的很强大。你的感觉创造了一个完全包围你的磁场，每个人都被一个磁场围绕，因此无论你到何处，磁场都跟着你。你或许看过古画中出现过类似的东西——画中人物的周围环绕着一圈光环或光晕。这围绕在每个人身边的光环，其实是个电磁场，你正是通过自己周围这个电磁场的磁性，吸引了生命中的一切。而在每个当下决定这个场域是正向或负向的，是你的感觉！

你每次通过感觉、言语或行动付出爱时，就替你周围的场域增添了更多爱；你给的爱越多，你的磁场就越强大。你的磁场里面有什么，就会吸引些什么，所以你磁场中的爱越多，你就拥有越多力量来吸引你喜爱的事物。然后你会来到一种境界：你磁场中的吸引力是如此正向而强大，让你突然想象并感觉到某种美好的事物，不久后，它就会出现在你的生命中！那是你所拥有的不可思议的力量，那就是爱的力量的惊人之处！

"通过思考和感受的能力，你掌控了一切造物。"

纳维尔·高达德（1905-1972）
新时代思想家

我要分享一个发生在我生命中的简单故事，让你知道爱运作得多快速。我很喜欢花，所以会尽量每个星期都去买鲜花，因为花让我觉得很快乐。我通常都去花市买，但那一周正好在下雨，所以花市没开，也就买不到花了。而我觉得没有花可买其实是件好事，因为这让我更珍惜花、更爱花；与其感到失望，不如选择去感受爱，于是我的磁场便充满了对花的爱。

不到两个小时，我就收到了一大束花，是我的姐妹从世界的另一端送的。她送我这束前所未见的美丽花朵，是为了感谢我为她做的某件事。所以，当你可以付出爱时，无论现状如何，都一定会改变！

现在你应该能体会选择去爱有多重要了。每当你给出爱，就会替你周围的磁场增添更多倍的爱；你在日常生活中所能付出的爱越多，你磁场中的爱的吸引力就越强，然后你想要的一切就唾手可得了。

当你给出爱时，你的生命会像这样神奇地改变。我过去的人生充满挣扎和困难，并不像现在这样奇妙，但后来我发现了生命的奥妙之处，也就是我在这本书里跟你分享的一切。对爱的力量来说，没有什么事情大到难以达成，没有太远的距离，没有它不能克服的障碍，甚至时间也无法阻挡它的路。你可以借由驾驭宇宙中最强大的力量，来改变生命中的一切，而你所要做的，就是付出爱！

创造的点

你可能会认为自己许的愿望"太大",但有这种想法是你想太多了。当你认为自己想要的东西太大时,其实是在对吸引力法则说:"这个愿望太大了,要做到会有难度,而且可能要花掉很长的时间。"那么最后你一定会是对的,因为你的所思所感,就是你会接收到的。如果你认为自己的愿望太大,那么要得到你渴望的事物就会变得困难,并且花费更多时间。然而对吸引力法则而言,没有大或小的问题,也没有时间长短的概念。

为了让你对创造抱持正确的观点,无论你的渴望对你来说有多大,都请把它想成一个小圆点!你可能想要房子、车子、假期、金钱、完美伴侣、梦想中的工作或小孩,你可能想要全然的健康,你可能想要通过考试、考上某一所大学、打破世界纪录,你可能想要当总统、成功的演员、律师、作家或老师——无论你想要的是什么,都把它想成一个圆点那般大小,因为对爱的力量来说,你的愿望甚至比一个圆点**更小**!

"我们的怀疑是叛徒，让我们输掉通常会赢的好事。"

威廉·莎士比亚（1564-1616）

英国剧作家

我梦想中的家

如果你发现自己的信念动摇了，就画一个圆，然后在圆心画一个点，并在圆点旁边写下你的愿望。你可以常常看着圆心的点提醒自己，你的愿望对爱的力量而言，不过就像那个圆点一般大小！

如何改变负面事物

如果你的人生出现负面事物，而你想要改变它，过程也是一样的：想象并感觉到你已经拥有自己渴望的事物，借由这种方式来付出爱。要记住，任何负面事物都是缺乏爱，所以你必须想象负面情境的反面，因为它的反面**才是**爱！举例来说，如果你想让病痛消失，那么就通过想象你的身体已然健康来付出爱。

如果你正在利用创造过程改变某样负面事物，要知道，你无须把负面转成正面，那感觉起来真的很难办到，而且也不是创造运作的方式。所谓"创造"是指某样**新**事物被造出来，它自然就会取代旧的。你不必去思考自己想改变的是什么，只要对你想要的事物付出爱就行了，然后，爱的力量会为你取代负面事物。

如果一个人受了伤，正在接受治疗，情况却没有好转，那表示他想象并感觉到的状态是创伤多于痊愈。如果想让天平倾向痊愈那一端，就要**多**想象并感受到自己已经完全恢复健康，而不是想象并感觉自己尚未痊愈。你可以想象到全然康复，表示它早已存在！让你的磁场对能使你感觉良好的一切充满美好的感受，在你人生的每个层面累积爱，尽可能感觉美好，因为你给出爱的每一刻，都会为你带来全然的康复。

"你的感觉就是你的神。"

考底利耶（公元前 350- 前 275）
古印度政治家及作家

　　无论你想改变的是健康、金钱、人际关系或其他任何事物，过程都一样！想象你所要的，想象并感觉到已经拥有它时所涌现的爱，尽可能想象你和自己想要的一切在一起时的每个场景、每个状况，并感受到你现在就已经拥有它了。试着每天花七分钟去想象并感觉自己已经拥有想要的事物，每天都要这么做，直到你觉得好像已经拥有自己渴望的一切，直到你确知你渴望的事物属于你，就像你知道你的名字属于你一样。有些事你可能只花一两天就能到达这种境界，其他事物则可能要花比较久的时间。然后，就继续过你的日子，尽可能给出爱与各种美好的感受，**因为你给的爱越多，就会越快得到你渴望的一切。**

　　在想象并感觉到已经拥有自己想要的事物之后，你其实已经和你想象的一切处于一个新世界里，所以不要再告诉大家你的伤势没有改善，那样做会和新世界产生矛盾，因为那表示你又在设想最糟的状况，于是你再次回到了旧世界。当你想象最糟状况时，你就会接收到最糟的；如果你想象的是最美好的情境，就会接收到最美好的。因此，假如有人问你伤口如何，你可以说"我现在**觉得**百分之百好了，而我的身体正在跟上我的感觉"，也可以说"这是个祝福，因为它让我比以前更珍惜自己的身体和健康"，或者如果你够勇敢，可以说"因为直接面对它，所以我完全恢复健康了"。

　　谈论不喜欢的事物却不会觉得不舒服，那是不可能的，事情就是这么简单，不过人们因为太习惯大多数时间都感觉不佳，所以当他们在想象和谈论不想要的事物时，甚至不会注意到自己的感觉变得多糟。当你越来越意识到、越来越在乎你的感受时，就会到达一种境界，这时只要稍微往不好的感觉那边倾斜，就算只有一丁点，你都受不了。你会习惯于美好的感受、会很留意自己的感觉，所以只要倾斜了，你马上就会察觉到，并把自己拉回美好的感觉之中。你大多数时间都应该感觉美好且快乐，因为你本来就该拥有美妙的人生，而要得到这样的人生，没有其他方法！

　　"无论在什么样的情况下，我都决意要保持喜悦与快乐，因为我从经验中学到，我们的快乐或痛苦，很大一部分取决于我们的性情，而不是环境。"

　　　　　　　　　　　　玛莎·华盛顿（1732-1802）
　　　　　　　　　　美国第一任总统乔治·华盛顿之妻

如何去除不好的感受

　　你可以借由改变感受来改变生命中的一切。当你改变对某样事物的感受时，它一定会产生变化！但是在改变感受的过程中，不要试图摆脱不好的感觉，因为所有不好的感觉都只是缺乏爱，所以你反而要把爱放进去！不要试图摆脱愤怒或悲伤，当你把爱放进去时，愤怒和悲伤就会消失。你不必从自己身上挖出什么，当你把爱放进你心里，所有不好的感觉通通不见了。

　　生命中只有一股力量，那股力量就是爱。你要不是因为充满爱而觉得美好，不然就是因为缺乏爱而感觉很差，但你所有的感受都只是爱的程度之别而已。

　　你可以把爱想成杯子里的水，你的身体就是杯子。当杯子里只有一点点水时，就是缺水状态，而抗拒并试图消除那份空虚，并无法改变杯子里水的高度；但如果将杯子注满水，那份空虚自然不见了。当你感觉不好时，表示你处于缺乏爱的状态，只要你把爱注入自己之内，不好的感觉就会消失。

不要抗拒不好的感觉

　　生命中的每件事都有它完美的位置，包括不好的感觉在内。没有那些不好的感觉，你不会知道什么叫美好的感受；你只会一直有种"乏味"的感觉，因为没有对照，所以你不会知道真正的快乐、兴奋或喜悦到底是什么感觉。正是借由感受到悲伤，你才知道快乐的感觉有多美好。你无法将不好的感觉从人生当中去除，因为那是人生的一部分，而且没有它们，你不会有美好的感受！

如果你对产生不好的感觉这件事感觉很差的话，你就是在为不好的感觉增添力量。你不只会让坏感觉越变越糟，还会增加自己释放出去的负面能量。现在你已经了解到，不好的感受无法为你带来你想要的人生，这会让你更谨慎，不让坏感觉控制你。你的感受由你自己主宰，所以如果有不好的感觉在袭击你，切断它能量的方式之一就是放轻松！

"我们的内在有个世界—— 一个充满思想、感觉与力量
的世界，一个充满光与美的世界；虽然看不见，它却具
备强大的力量。"

查尔斯·哈尼尔（1866-1949）
新时代思想家

人生本来就该是好玩的！当你玩得很开心时，你会觉得很棒，也就能吸引到很棒的事物！如果你把生命看得太严肃，就会吸引到严肃的事物。开心地玩会为你带来你想要的人生，而把事情看得太严肃的话，则会带来你必须严肃看待的人生。你有掌控自己生命的力量，而且可以用你想要的任何方式，以这股力量来设计你的人生。不过为了你好，还是放轻松一点吧！

　　要减轻不好的感觉，我会把负面感受想象成一匹匹野马，于是就会有愤怒马、憎恨马、指责马、气愤马、暴躁马、乖戾马、急躁马等，你想得到的都有，一整个马厩都是负面感受的马儿。如果我对已经发生的某件事有些失望，我会对自己说："你为什么要骑上那匹失望马？现在立刻下来，因为它会往**更多**失望冲过去，而你不会想去它要去的地方。"因此我把产生不好的感觉想象成骑上野马，既然骑得上去，我就下得来。我不会把不好的感觉当作真正的我或他人，因为那并非事实。坏感觉不是你，也不是任何人，它只是你允许自己去感受的某样东西，而你可以选择很快地跳下那匹马，就跟你骑上去时一样快。

　　把不好的感觉想象成你骑上去的一匹野马，这是能让你从坏感觉那里取回力量的一个方法！如果你身边的某个人很容易变得暴躁不安，那么你若想象他是骑上了一匹暴躁马，他的坏感觉对你的影响力就会小得多，你将不会把他的暴躁放在心上。但假如你认为那是冲着你来的，你就会因为他们的暴躁而变得暴躁，接着，你就跟着他们一起骑上暴躁马了！

　　"以德报怨。"

老子（约公元前 6 世纪）
道家创始人

　　所以面对我不想要的事物，我会用想象力让自己玩得开心，并从我不想要的事物中取回力量。有时看见我自己或其他人在不同的人生境遇中"骑上野马"，我都会大笑一场，而当你可以笑到失去不好的感觉时，就真的了不起了！因为那表示你刚刚改变了你的人生。

　　所以如果你产生了不好的感受，不要因此责怪自己，而替坏感觉增添更多力量。那样做只是在鞭打那匹野马，让它更疯狂而已。其中的概念就是不要厌恶不好的感觉，而是要刻意且更频繁地选择好感觉。当你抗拒不好的感觉时，它们就会增加！你越不想要，它们增加得越多；你越是抗拒生命中的任何事物，就会带回来越多。所以，当你有不好的感觉时，不要在意，也完全不要抗拒，那么你就能从它们那里取回所有的力量。

力量摘要

- 每个人都被一个磁场围绕，无论你到何处，磁场都跟着你。

- 你通过自己周围这个电磁场的磁性吸引了所有事物，而在每个当下决定这个场域是正向或负向的，是你的感觉！

- 你每次通过感觉、言语或行动付出爱时，就替你周围的场域增添了更多爱。

- 你磁场中的爱越多，你就拥有越多力量来吸引你喜爱的事物。

- 把你想要的事物想成一个圆点那般大小。对爱的力量来说，你的愿望比一个圆点更小！

- 你无须把负面事物转化成正面，只要对你的愿望付出爱就行了，因为你想要的东西的创造过程会取代负面性！

- 每天花七分钟去想象并感觉自己已经拥有想要的事物，一直做到你确知你渴望的事物属于你，就像你知道你的名字属于你一样。

- 生命中只有一股力量，那股力量就是爱。你要不是因为充满爱而觉得美好，不然就是因为缺乏爱而感觉很差，但你所有的感受都只是爱的程度之别而已。

- 要减轻不好的感觉，就把负面感受想象成你骑上的一匹匹野马，既然骑得上去，你就下得来。而你可以选择很快地跳下那匹马，就跟你骑上去时一样快。

- 只要改变你给出去的，就能改变你接收到的，毫无例外，因为这就是吸引力法则，就是爱的法则。

人生随着你……

"命运无关概率，而关乎选择。"

威廉·詹宁斯·布赖恩 (1860–1925)
美国政治领袖

人生**随着**你展现。你生命中经历的每一件事，绝对都是你给出去的思想和感觉的结果——无论你是否察觉到自己曾经释放过那些思想和感觉。人生并非随机发生，而是**跟随着**你展现。你的命运掌握在自己手上，你想到、感觉到的所有事物，都将决定你的人生。

生命中的一切都呈现在你眼前，让你选择你喜爱的事物！人生就像一本画册，而从中选择你喜爱事物的人是你！不过，你是在选择你喜欢的，还是忙着批判不好的事物，并为它们贴上标签？如果你的人生很不美好，那么你可能曾在无意中为所有你认为不好的事物贴上标签，让它们分散了你的注意力，远离人生目标，因为你的人生目标就是去爱，就是喜悦，就是去选择你喜爱的一切，并远离你不喜欢的事物，这样你就不会选择它们。

选择你所爱的

当你看到梦寐以求的车子从街上疾驰而过时，其实是生命正把那部车呈现在你面前！你看到那辆梦想之车时的感觉非常重要，因为假使你选择对那辆车只感觉到爱，没有其他，你就是在把它带到你面前；但如果你因为别人开着你梦想中的车子而觉得羡慕或嫉妒，只会让自己无法拥有那辆车。生命将车子呈现在你面前，让你选择，而你借由感受到爱，选择了那辆车。你有没有发现，重点不在于别人有某样东西而你没有？生命将一切呈现给你，如果你感觉到对它的爱，就会把同样的东西带来给自己。

当你看到一对疯狂热恋的快乐情侣，而你极度渴望拥有一个伴的时候，那就是生命正将这对快乐的情侣呈现在你面前，让你选择。但如果你看到那对快乐的情侣时，觉得伤心或孤单，那就释放了负面能量 —— 你其实是在说："我想要觉得悲伤且孤单。"你必须对自己想要的事物付出爱。如果你体重过重，而走在路上时刚好有个身材完美的人经过你身旁，你的感觉如何？生命将这个美妙的身材呈现在你面前，让你选择，所以假如你因为自己没有那样的身材而觉得难过，你就是在说："我不想拥有那样的身材，我要我现在这个过重的身体。"如果你正受某种疾病之苦，而你身边围绕着健康人士，你的感觉如何？生命让你看见健康的人，这样你就能选择健康，所以当你对围绕着你的健康状态感觉到的爱，多于你对自己身体不好感受到的难过，你就为自己选择了健康。

当你对任何人拥有的任何事物感觉良好时，就是在把它带来给自己。当你对别人的成功、快乐或他拥有的美好事物产生好感觉时，你就是从人生画册中选择了那些东西，并且正把它们带来给自己。

如果你遇见的某个人身上具备你希望拥有的特质，要去爱那些特质，并产生美好的感觉，这样你就是在把那些特质带到自己身上。如果某人聪明、漂亮或才华横溢，去爱那些特质，那你就是为**自己**选择了那些东西。

如果你想成为父母，而且已经努力了很长一段时间，那么每当你看见别的父母亲带着小孩时，都要释放出爱，并产生美好的感觉！如果你因为没有小孩，所以看见别人的孩子就觉得沮丧，那么你就是在排斥小孩，把他们推离你身边。每当你看见孩子时，就是生命正把他们呈现在你面前，好让你可以选择。

当你的对手赢得比赛，当你的同事说老板加他薪水了，当有人中了彩票，当朋友告诉你他们的配偶让他们周末放假作为礼物，或是他们买了一栋漂亮的新房子，或是他们的孩子拿到奖学金时，你应该跟他们一样兴奋。你应该要像发生在自己身上一样兴奋和快乐，因为这表示你在欢迎这些你渴望的事物，你在对它们付出爱，所以能将它们带到自己面前！

当你看到梦想中的车子、快乐的情侣、完美的身材、小孩、别人身上的美好特质，或是任何你想要的事物，表示你和那些事物处于同一频率！这时请感到兴奋，因为兴奋代表你正在选择那样东西。

生命中每样事物出现在你面前，是要让你选择爱什么、不爱什么，但只有爱才能将你想要的一切带来给你。人生的画册中包含许多你不喜欢的东西，所以不要因为对它们产生不好的感觉，而选择自己不想要的事物。评断别人、认为他们很坏，就会为自己带来负面能量；对别人拥有的某样东西感到羡慕或嫉妒，会为自己带来负面能量，同时以强大的力量把你想要的那样东西推开。唯有爱才能为你带来你想要的一切！

"这是每次都会发生在那些真正去爱的人身上的奇迹：
他们给出去的越多，拥有的就越多。"

赖内·马利亚·里尔克（1875-1926）
作家及诗人

一的法则——你！

有一个你可以使用在吸引力法则上的简单公式，在你面对所有人事物时都很有用。对吸引力法则而言，这世界上只有一个人——你！没有别的人、别的事，只有你，因为吸引力法则回应的是**你的**感觉！**你给出去的才重要**，这个道理对其他每个人都一样。所以，吸引力法则其实就是"你"的法则；只有你，没有别人。对吸引力法则来说，这个人是你，那个人是你，那些其他人也是你，因为无论你对任何人有什么样的感觉，你都在把那个感觉带来给你。

你对别人的感觉、看法，以及对他所做的事，你都施加在自己身上。论断和批评别人，就是在论断和批评自己；对其他人事物付出爱与感激，就是在爱自己、感谢自己。对吸引力法则来说，没有"其他"这回事，所以即使某人拥有你想要的事物，也没有关系，当你对它产生爱的感觉时，就将它纳进了你的生命里！至于那些你不喜欢的事物，只要不带评判地避开，就不会把它们带进你的人生。

吸引力法则永远只会说"是"

远离你不喜欢的事物，不要对它们产生任何感觉；别对你不喜欢的事物说"不"，因为这样会把它们带来给你。当你向你不喜爱的一切说"不"时，就会对它们产生不好的感受，并释放出不好的感觉，然后那些感觉会回到你身上——它们化为负面情境，出现在你的生命里。

不要对任何事物说"不"，因为当你说"不，我不要那个东西"时，反而是在对吸引力法则说"是"。当你说"交通状况糟透了""这服务烂透了""他们总是迟到""这里太吵了""那个驾驶是个疯子""我已经在电话线上等很久了"，你就是在对

这些事情说 "**是**"，把更多类似的状况纳进你的人生中。

　　远离你不喜欢的一切，不要对它们有任何感觉，因为它们所是的样子没有问题，但它们在你的生命里没有一席之地。

　　"非礼勿视、非礼勿听、非礼勿言。"

日本日光东照宫三猿代表的箴言（17世纪）

　　相反的，当你看见你喜爱的事物时，要多说 "**是**"。当你听到你喜欢的某件事情时，要说 "**是的**，就是这样"；当你尝到你喜欢的某样食物时，要说 "**是的**，就是这个口味"；当你闻到你喜欢的某个味道时，要说 "**是的**，就是这个味道"；当你摸到你喜欢的某样东西时，要说 "**是的**，就是这个触感"。无论你现在是否已经拥有你喜爱的事物，都对它说 "**是**"，因为如此一来，你就通过付出爱，而选择了它。

　　这没有任何限制，如果你真的想要、真的渴望，每件事都是可能的。宇宙中没有 "匮乏" 这回事，当人们发现缺了某样东西，都只是缺乏爱。健康、金钱、资源或快乐从不匮乏，供给和需求是相等的，只要你付出爱，就会得到爱！

你的人生——你的故事

你正在创作你的人生故事，那么，你说的故事是什么样子？你相信有些事你做得到，有些事做不到吗？那就是你说的故事吗？然而，那个故事并非事实。

如果有人说你比不上别人，千万不要相信；如果有人说你任何方面都受到限制，别听他的；如果有人说你无法靠兴趣为生，不要听信他的话；如果有人说你不像历史上的伟人那样有价值，不要听他的；如果有人说你现在不够好，必须在人生中证明自己，不要相信他；如果有人说你无法拥有你喜爱的东西、无法做你喜欢的事，或无法成为你想要的样子，别听他的。假如你相信了，就会自我设限，不过更重要的是，那并非事实！从来没有一样事物好到你不能拥有，或者好到不可能是真的。

爱的力量说："你给出什么，就会得到什么。"这句话里有提到你不够好吗？爱的力量说："无论你想成为、想做或想拥有什么，都对它付出爱，就一定会得到。"这句话里有说你不够好吗？现在的你就已经很有价值，很值得拥有任何你想要的事物，你现在就够好了。如果你觉得自己曾经做错某件事，请了解到，对吸引力法则而言，你从那件事中获得**领悟**，并**接受**它发生的事实，就已经是种赦免了。

真实世界

> *"创世之初只存在可能性，有人观察到时，宇宙才成形。就算观察者是在数十亿年后才出现也没关系，因为我们察觉到宇宙，所以它存在。"*

马丁·芮斯（生于 1942 年）
天文物理学家

　　我想带你去看看你所见的这个世界背后的模样，因为你看到的事物有许多并不如你以为的那样真实。冒险地跨几步进入无形世界，将改变你对这个世界的观点，让你自由，获得一个不受限的人生。

　　关于这个现实世界，你目前相信的事情大部分都不正确。你其实比你自己所了解的更大、更多，生命和宇宙比你所了解的还要浩瀚。你或许认为世上万物数量有限，金钱、健康和资源都是有限的，但那并非事实。任何事物都不虞匮乏。量子物理学告诉我们有无数个行星地球、无数个宇宙，而我们每一瞬间都能从一个行星地球和宇宙的实相移动到另一个。这就是通过科学浮现的真实世界。

"在我们的宇宙中，我们会将自身频率调整成与物质实相一致；然而，同一个空间里其实有无数平行实相与我们并存——虽然我们无法调整到它们的频率。"

史蒂文·温伯格（生于 1933 年）
获诺贝尔奖的量子物理学家

你可能认为在真实世界中，时间是不够用的，所以你常常要跟时间赛跑，日子过得很匆忙。伟大的科学家爱因斯坦说，时间是幻觉。

"过去、现在和未来的分别只是一个顽固的幻觉。"

阿尔伯特·爱因斯坦（1879-1955）
获诺贝尔奖的物理学家

你或许认为，真实世界是由生物与无生物组成的，然而在宇宙中，**每样事物**都是活的，**没有任何事物**不具生命，恒星、太阳、行星、地球、空气、水、火及你所看到的每一件物体都充满生命。这就是正在浮现的真实世界。

"树拥有能感受到你的爱并回应那份爱的感官，而它回应或展现其喜悦的方式跟我们不一样，也不是我们目前可以理解的。"

普兰特斯·马福德 (1834-1891)
新时代思想家

你或许相信你看得见的事物才属于真实世界，看不见的就不是真的。事实上，当你看着某样东西时所见到的颜色，并**不是**它真正的颜色，你看到的其实是物体吸收了它"真正所是"的所有颜色之后，把它"不是"的颜色反射出来的结果。所以，天空实际上并**不是**蓝色的！

很多声音你听不见，因为它们的频率超过你可以听到的范围，然而它们是真实存在的；你看不到紫外线或红外线，因为它们的频率超过你肉眼看得见的范围，但它们真的存在。如果你把所有已知的光的频率想象成喜马拉雅山那般大小，那么你看得见的部分其实小于一个高尔夫球！

你或许相信真实世界是由你看得见、摸得着的固体所组成，事实上，没有一样东西是固态的！你现在坐着的椅子其实是一股由移动的能量所产生的力量，而且当中大部分是空的。所以，你的椅子有多真实？

"智者了幻非实，故能远离妄执。"

佛陀（公元前 563- 前 483）
佛教创始人

你也许认为你的想象力只是一些念头和白日梦，在真实世界不具力量。然而，科学家要证明事情的真假时，其中一个障碍就是把他自己的信念从科学实验中移除，因为他所相信或想象的实验结果，将会**影响**这个实验的结果。这就是人类想象力和信念的力量！而如同科学家的信念会影响实验结果一样，你的信念也会影响你人生的结果。

你的信念塑造了你的世界，无论它们真实与否。你想象且**觉得**真实的一切，创造了你的生命，因为你给了吸引力法则那些东西，它们就会回到你身上。你的想象力其实比你看到的世界更真实，因为你眼前所见的世界来自你想象及相信的一切！凡是你相信且**觉得**真实的，都会成为你的人生。如果你相信你无法拥有梦寐以求的人生，那吸引力法则一定会照你说的去做，然后你的真实世界就会变成那个样子。

"相信你看得见、摸得到的事物根本不是信念，而相信看不见的，则是一种胜利和祝福。"

亚伯拉罕·林肯 (1809-1865)
美国第十六任总统

在人类历史中，这种诉说着种种限制的故事代代相传，不过，现在该说出真实的故事了。

真实的故事

真实的故事是，你是个不受限制的存在体；真实的故事是，宇宙和世界都是无限的。有许多世界和可能性你看不见，但它们确实存在。你必须开始说一个不一样的故事！你必须开始述说关于你美妙人生的故事，因为无论你说的故事是好是坏，吸引力法则一定会让你接收到，然后你所说的就会成为你的人生故事。

去想象并**感觉**你想要的一切，之后你就会接收到那些画面。尽可能地付出爱，尽可能地感觉美好，这样爱的力量就会让你喜爱的人事物围绕在你身边。你可以成为你想要的样子、可以做你想做的事、可以拥有你想要的东西。

你爱的是什么？你想要的是什么？

把你人生故事中你不想要的事物丢掉，只保留你喜爱的部分。如果你死抓着过去的负面事物不放，那么每当你又想起，就是在把它们编进你的故事里，然后那些负面事物会立刻回到你人生的画面中！

丢掉和你童年时期有关、你不喜欢的事物，保留你喜爱的；丢掉和你青少年及成年时期有关、你不喜欢的事物，保留美好的。只要留下你这一生喜爱的事物就好，过去的所有负面事件早已落幕、早已结束。你不再是那时的你，所以如果它们会让你产生不好的感觉，为什么还要放进你的故事里？你无须把过去的负面事物挖出来，只要别再把它们编进你的故事即可。

"一股全能、永恒且难以理解的力量正推着我们所有人前进。但是，虽然每个人都被推动着，许多人却踌躇不前，并不时回头张望。他们没有意识到，自己其实在对抗这股力量。"

普兰特斯·马福德（1834-1891）
新时代思想家

如果你一直说着关于自己是受害者的人生故事，那些画面就会在你的生命中不断重播；如果你一直说自己的聪明才智、吸引力或才华不如人，那么你会是对的，因为那些内容将成为你人生的画面。

当你让自己的生命充满爱的时候，就会发现罪恶感、怨恨及任何负面感觉都将离你而去。接着，你会开始讲述有史以来最伟大的故事，而爱的力量会借由你美妙人生的真实故事画面，使你的生命发光。

"爱是地球上最伟大的力量，它克服了一切。"

和平朝圣者（1908-1981）
本名为米尔德·里榭特·诺曼，和平主义者

力量摘要

- 生命中的一切都呈现在你眼前，让你选择你喜爱的事物！

- 如果某人拥有你想要的某件事物，要觉得兴奋，仿佛你已经拥有它了。假如你感觉到对它的爱，就会把同样的东西带给自己。

- 当你看见自己想要的东西时，表示你和那些事物处于同一频率！

- 人生的画册中包含你不喜欢的东西，所以不要因为产生了不好的感觉，而选择了它们。

- 远离你不喜欢的一切，不要对它们有任何感觉。相反的，当你看见你喜爱的事物时，要多说"是"。

- 吸引力法则回应的是你的感觉！你给出去的才重要。吸引力法则其实就是"你"的法则。

- 论断和批评别人，就是在论断和批评自己；对其他人事物付出爱与感激，就是在爱自己、感谢自己。

- 当人们发现缺了某样东西，都只是缺乏爱。

- 你现在就够好了。如果你曾经做错某件事，对吸引力法则而言，你从那件事中获得领悟，并接受它发生的事实，就已经是种赦免了。

- 你的信念塑造了你的世界，无论它们真实与否。

- 你的想象力其实比你看到的世界更真实，因为你眼前所见的世界来自你想象及相信的一切！凡是你相信且觉得真实的，都会成为你的人生。

- 无论你说的内容是好是坏，都会成为你的人生故事。所以请开始述说你美妙人生的故事，然后吸引力法则一定会让你接收到。

力量之钥

"你最珍贵、最有价值的财产和你最伟大的力量是无形的、触摸不到的，没有人可以拿走，你——就只有你——才能把它们给出去，然后你将因为自己的付出，而获得丰足。"

克莱门提·史东 (1902-2002)
作家及商人

要运用爱的力量获得你本来就该拥有的人生，"力量之钥"是最强而有力的方式。这些方法简单且容易，就算小孩子都能照着做。每把钥匙都将开启你内在那股巨大的力量。

爱之钥

要让爱成为你人生的终极力量，你必须全心去爱，仿佛此生从未爱过。跟生命坠入爱河吧！无论你之前的人生爱过多少，请将那个感觉加倍，变成两倍、十倍、百倍、千倍、百万倍，因为你能感觉到的爱的程度就是这么高！你可以感受到的爱没有限制、没有上限，它全在你之内！你是由爱做成的，那是你、生命和宇宙非常核心的本质，而且你可以远比你过去所爱过、比你想象过的爱得更多。

当你爱上生命时，每一种限制都会消失，你破除了金钱、健康、快乐，以及你在人际关系中体会到的喜悦的限制；当你爱上生命时，就不会有任何阻力，而且无论你喜欢的是什么，几乎都很快就出现在你的生命里。你一走进某个房间，别人就会感觉到你的存在；机会将不断倾泻至你的人生当中，而你最轻微的碰触就能消融负面性；你的感觉会超乎想象的好；你会充满无限的能量，非常振奋，并且对生命拥有不可遏止的热情；你会觉得轻如羽毛，如同飘浮在空气中，而你喜爱的一切似乎都自动来到你面前。只要爱上生命，解放你内在的那股力量，你就会变得毫不受限、所向披靡！

*"即使过了这么长时间，太阳也从未对大地说：'你欠我
一份恩情。'看哪！带着如此伟大的爱，它照亮了整片天
空。"*

哈菲兹（1315-1390）

波斯诗人

那么，要如何爱上生命呢？就跟你谈恋爱时一样——你会喜爱对方的**一切**！和某人坠入爱河时，你看到的、听见的、说出口的，通通只有爱，而且会全心全意感受到爱！这就是运用爱这股终极力量和生命坠入爱河的方式。

在一天当中，无论你在做什么、无论你身在何处，都要寻找你喜爱的事物。你可以找一找自己喜欢的科技和发明、喜欢的建筑物、喜欢的车子和道路、喜欢的咖啡馆和餐厅、喜欢的商店；逛街时，尽量刻意去寻找你喜欢的东西；在他人身上寻找你喜欢的特质；在大自然中寻找你喜欢的每一样事物：鸟儿、树木、花、香味，以及大自然的各种色彩——要看着、听着、说着你喜爱的一切。

"了解到你是和一股力量同工，这股力量在它经手的事情上从未失手，你就可以带着信心大步向前，因为它同样不会令你失望。"

罗伯特·科里尔 (1885-1950)
新时代思想家

去想、去说、去做你喜爱的一切，因为当你做这些事情时，你正在**感受爱**。

说一说在你的家庭、家人、配偶及孩子身上，有哪些部分是你喜欢的；说一说你喜欢朋友的哪些特质，告诉他们你喜欢他们哪些地方；说一说你摸过、闻过、尝过，且深受你喜爱的东西。

每天都通过挑出你喜欢的事物并感觉到它们，来告诉吸引力法则你所爱的一切。想想看，一天当中光是借由感觉到自己喜爱的事物，你就能给出这么多爱。走在街上时，在别人身上寻找你喜欢的事物；走进店里时，寻找你喜爱的东西；说"我爱那套衣服""我爱那些鞋子""我爱那个人眼睛的颜色""我爱那个人的头发""我爱那个人的笑容""我爱那些化妆品""我爱那个味道""我爱这家店""我爱那桌子、灯、沙发、地毯、音响设备、外套、手套、领带、帽子和首饰""我爱夏天的味道""我爱秋天的树""我爱春天的花""我爱那个颜色""我爱这条街""我爱这座城市"。

在各种状况、事件及情境中寻找你喜爱的事物，并且去感受那一切："我喜欢接到那样的电话""我喜欢收到那样的电子邮件""我喜欢听到那样的好消息""我喜欢这首歌""我喜欢看到人们快乐的样子""我喜欢和别人一同欢笑""我喜欢在开车上班时听音乐""我喜欢在搭火车或公交车时可以放松""我喜欢我住的城市举办的节日活动""我喜欢庆祝活动""我喜爱生命"。在每个点亮你的心的主题上寻找你喜爱的事物，然后尽可能去感受最深刻的爱。

如果你感觉不好，而你想要改变自己的感受，或者假如你想让自己的美好感觉再好一点，那么就花个一两分钟，在心里列出你喜爱的事物。你可以在每天早上换衣服、走路、开车，或是到任何地方旅行时做这件事。虽然做来很简单，对你的生命却有非常神奇的影响。

提笔写下你喜爱的每一样事物，我建议你一开始每个月列一次这样的清单，之后则是至少每三个月。这张清单可以包括你喜欢的地方、城市、国家，还有你喜爱的人、你喜爱的颜色、你喜爱的风格、你喜爱的人格特质、你喜爱的公司、你喜爱的服务、你喜爱的运动、你喜爱的运动员、你喜爱的音乐、你喜

爱的动物，以及你喜爱的花、植物和树。列出你喜爱的所有东西，
从你喜欢的各种不同款式的衣服、家、家具、书、杂志、报纸、
汽车、设备，到你喜爱的各种不同的食物。想一想你喜欢做的事，
并把它们全部列出来，例如跳舞、运动、参观画廊、听音乐会、
参加宴会、购物，也列出你喜欢的电影、假期和餐厅。

"当一个人全然地进入爱中，无论世界原本有多不完
美，都会变得丰富而美丽 —— 它纯然由爱的机会所组
成。"

索伦·克尔凯郭尔（1813-1855）
哲学家

你的工作就是每天尽可能去爱。如果你今天可以尽自己所
能去爱每一样事物，去寻找并感受你喜爱的一切，并且远离你
不喜欢的那些事物，那么你的明天将充满你想要及喜爱的一切
所带来的难以言喻的快乐。

"爱是打开快乐之门的万能钥匙。"

奥利弗·温德尔·霍姆斯（1809-1894）
哈佛医学院院长

爱就是留心

　　你必须留意去感受周遭每一样事物的爱。你必须察觉到身旁的每一样事物，然后去爱，否则你会错过一些事。你必须留心查看你喜爱的事物；你必须注意去听你喜爱的声音；在经过花丛时，你必须注意嗅闻它们动人的香味；吃东西时，你必须仔细留意，才能真正品尝口中的食物，完全感受到它的滋味。如果你走在街上，却只听着脑子里的声音，你会错失一切——那就是常常发生在许多人身上的状况。他们让脑海中的念头催眠自己，所以处于某种恍惚状态，无法察觉周围的任何事。

　　你是否曾经走在路上，然后一位好友突然大叫你的名字，但因为你没看到他，结果吓了一跳？或者你看见一位朋友，在你大叫她的名字好几次之后，她才突然看到你，然后吓得跳起来？你的呼唤把她叫醒了，因为她并未察觉自己走在街上，而是处于某种恍惚状态，听着自己脑子里的念头。你是否曾经在开车旅行时，突然间看看四周，才发现接近目的地了，但你却不记得已经开了这么长的一段路？你因为倾听自己的念头而催眠了自己，所以心神恍惚。

　　好消息是，你给出越多爱，就会变得越留神、越有意识！爱能让你完全警觉，当你每天尽可能认真注意身旁那些你喜爱的事物时，就会变得越有觉知、越留心。

如何让心智专注在爱

"心智的清澈明晰，也代表着非常清楚自身热情之所在，
这就是为什么一个拥有伟大且清明心智的人能热切地
去爱，而且很清楚他爱的是什么。"

布莱士·帕斯卡（1623–1662）
数学家及哲学家

保持觉察的其中一个方法，就是刻意去问你的心智这类问题："我可以看见哪些我喜爱的事物？""我可以看见多少我喜爱的事物？""还有什么东西是我喜欢的？""我可以看到什么让我激动的事物？""我可以看到什么让我兴奋的事物？""我可以看到什么让我充满热情的事物？""我可以看到更多我喜爱的事物吗？""我可以听见哪些我喜爱的事物？"当你问你的心智这些问题时，它不得不马上忙着给你提供答案；而为了想出这些问题的解答，它会立刻停止其他念头。

其中的秘诀就在于习惯性地持续向你的心智提问。你问的问题越多，就越能掌控你的心智，然后你的心智会和你合作，并且做你希望它做的事，而不是跟你唱反调。

　　如果没有好好控制自己的心智，那么有时它会像从山上疾驶而下的无人驾驶货运列车。你是你心智的驾驶员，所以要抓住控制权，下指令让它保持忙碌，告诉它你要它去哪里；如果不告诉你的心智要做些什么，它就会照自己的意思往前跑了。

　　"对那些不控制心智的人来说，心智就像敌人。"

《薄伽梵歌》（约公元前5世纪）
古印度经典

　　你的心智是一个可为你所用的强大工具，前提是，你必须掌控它。你希望它可以帮助你付出爱，而不是任由它用失控的思想来让你分心。训练你的心智专注在爱上，不会花太多时间，而一旦训练完成，你就等着看自己的人生会发生些什么吧！

感恩之钥

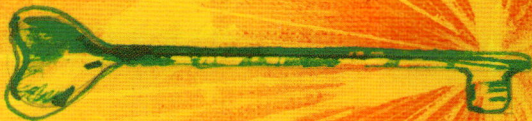

> "如果不知感恩，你能行使的力量非常有限，因为让
> 你与力量联结的，正是感恩。"

华勒思·华特斯 (1860-1911)
新时代思想家

　　我知道有数以千计的人们，在难以想象的困境中，通过感恩完全改变了自己的人生。我知道在似乎没有任何希望的情况下，发生过许多健康奇迹：衰竭的肾脏再生、心脏病痊愈、视力恢复、肿瘤消失，以及骨骼自行生长和重建。我知道有原本破裂的人际关系，因为感恩而变得美好：夫妻破镜重圆、疏远的亲人重聚、父母改变了与子女的关系、老师转化了与学生的关系。我见过一贫如洗的人通过感恩变成有钱人：有人挽救了衰败中的事业，而原本一直为钱所苦的人创造了富足，甚至有人本来流落街头，却

在一星期之内拥有了一份工作和一间房子。我知道有忧郁的人借由感恩，突然过着喜悦和满足的生活，而原本受焦虑症及其他心理疾病所苦的人也通过感恩，让自己的心智恢复完全健康的状态。

世上每个救世主都运用感恩的力量，因为他们都了解到，感恩是爱的最高表现形式。他们知道在感恩的时候，他们就和法则完全和谐一致，不然你认为上帝为什么在施行每一次奇迹之前，都要先**祝谢**呢？

每一次你觉得感激时，就是在**付出**爱，而你给出去什么，就会接收到什么。无论你是对人、车子、假期、夕阳、礼物、新房子或某件让你兴奋的事表达感谢，你都是在对那些事物付出爱，然后你将会获得更多喜悦、更多健康、更多金钱、更多神奇的经验、更多融洽的人际关系、更多机会。

现在就试试看，想着你感谢的某件事或某个人。你可以选择你在这个世上最爱的人，专注在他身上，并且想着所有跟他有关、让你喜爱且感谢的事。接着告诉那个人 —— 在心里默念或大声说出来都行 —— 你爱他、感激他哪些地方，如同他就在你身边一样。告诉他你为何爱他，说出所有的理由。你可以说"我记得当……的时候"来唤起某些特定场合或时刻，而当你这样做时，请感受开始充满你身心的感恩之情。

你在上面那个简单的练习中所给出去的爱，一定会在那段关系和你的一生中回到你身上。通过感恩付出爱，就是那么容易。

爱因斯坦是有史以来最伟大的科学家之一，他的发现完全改变了我们看待宇宙的方式；而当被问到他的巨大成就时，爱因斯坦只说要感谢其他人。有史以来最聪明的人之一都还会去感谢别人给予他的一切——一天感谢一百次！那表示爱因斯坦一天当中至少付出爱一百次，难怪生命会向他展现那么多奥秘。

"我每天会提醒自己一百次，我的内在和外在生活都是仰赖他人——无论活着或已经去世——努力的成果。所以，我必须竭尽全力，希望能以同等的贡献回报我从过去到现在自他人身上所获得的一切。"

　　　　　阿尔伯特·爱因斯坦（1879–1955）
　　　　　　　　　　　　　获诺贝尔奖的物理学家

感恩是强大的倍增器

当你感谢你所拥有的事物时，无论它们有多小，你都会得到更多那样的事物。如果你对目前拥有的金钱感恩，不管有多么少，你都会得到更多钱；如果你对一段关系感恩——即使它并不完美——这段关系将会变得更好；如果你对目前的工作感恩——即使它不是你梦寐以求的——你将会在工作中获得更好的机会。因为，感恩是生命中强大的倍增器！

"如果你一生中唯一说过的祷告词是'感谢你'，那也足够了。"

师长埃克哈特 (1260-1328)
基督教作家及神学家

感恩始于简单的三个字——**"感谢你"**，不过你必须全心全意觉得感恩才行。你越常说**"感谢你"**，就越能感受到它，然后你就会给出更多爱。想在生活中运用感恩的力量，有三种方式，而这三种方式都是在给出爱：

1. 对你人生中已经获得的一切感恩（过去）。

2. 对你人生中正在接收的一切感恩（现在）。

3. 对你想要的事物感恩，仿佛你已经得到了（未来）。

如果不感谢你从过去到现在得到的一切，你就没有付出爱，因此你不会拥有改变任何现况的力量；而当你对已经得到以及正持续在接收的事物表达感恩时，那些事物会**倍增**，同时，感恩还会带来你想要的一切！要对你渴望的事物感恩，仿佛你已经得到了，然后根据吸引力法则，你就一定会得到它。

只要感恩，就能让你喜爱的事物倍增，并完全改变你的人生 —— 你能想象比这更简单的事吗？

有个离过婚的男人原本很孤单、沮丧，而且从事一份他很讨厌的工作，后来他决定每天励行爱与感恩，来改变他的生命。他从带着正向态度面对一天当中与他交谈的人开始。当他打电话给老友和家人时，他们对于他变得如此正面和快乐，都感到很惊讶。他开始感谢他拥有的一切，甚至连自来水都谢。于是在一百二十天内，发生了以下这些事：他讨厌的每一件跟工作有关的事，竟奇迹般地改变了，现在他很喜欢自己的工作，而他的工作甚至让他有机会去一些他一直很想造访的地方；他和所有家庭成员之间的关系变得前所未有的美好；他付清了车贷，而且需要钱时就会有钱；无论发生什么事，他总是过得很愉快；另外，他再婚了 —— 对象是他高中一年级时的初恋情人！

　　"对你已接收到的丰足表达感恩，是让丰足持续下去的最佳保证。"

　　　　　　　　　　　　穆罕默德（570-632）
　　　　　　　　　　　　　伊斯兰教创始人

　　如果感恩一点点，你的人生就会改变一点点；如果每天大量地感恩，你的人生就会以你现在意想不到的方式改变。感恩不只让你生命中的每样事物倍增，还会消除负面事物。无论你发现自己身处什么样的负面情境，**总是**可以找到值得感谢的事，而当你这么做时，你就驾驭了可以消除负面性的爱的力量。

感恩是通往爱的桥梁

"如果我们能静下来、作好准备，就可以在每一次失望中找到补偿。"

亨利·戴维·梭罗（1817–1862）
超验主义作家

感恩使我的母亲脱离最深沉的悲痛，得到快乐。我的父母几乎是一见钟情，他们的爱情和婚姻是我所见过最美满的。当我父亲过世时，母亲经历了巨大的伤痛，因为她非常想念我父亲；然而在悲伤与痛苦中，我母亲仍开始寻找可以感恩的事物。除了感谢过去几十年来和我父亲在一起时所感受到的爱与快乐之外，她还寻找未来可以感恩的事情。她发现要感谢的第一件事就是，现在她可以去旅行了。旅行是我母亲一直想做、而父亲在世时她没去做的事，因为我父亲从来不想去旅行。母亲的确实现了自己的梦想；她不但去旅行，而且做了其他许多她一直想做的事。感恩是一座桥梁，它让我的母亲走出巨大的伤痛，进而建立了快乐的新人生。

在感恩时，你不可能觉得难过或产生任何负面感觉。如果你目前处境艰难，就去找一件值得感恩的事。找到一件，就接着再找下一件，然后是另一件，因为你找到的每一件值得感恩的事，都能改变当下的状况。感恩是一座桥梁，让你从负面感觉，走向能驾驭爱的力量的境地！

"感恩是疫苗、抗毒素及抗菌剂。"

约翰·亨利·乔怀德 (1864-1923)
长老教会牧师及作家

有任何好事发生在你身上，都要感恩；无论多么微不足道，都要说"**谢谢**"。找到一个理想的停车位、听到电台播出你最喜欢的歌、信号灯刚好变绿，或是在公交车或火车上找到空位时，

要说 **"谢谢"**。这些都是你在生活中接收到的好事。

　　向你的各个感官表达谢意：谢谢让你看得见的眼睛、听得见的耳朵、可以品尝食物的嘴巴、可以嗅闻味道的鼻子，以及让你可以感觉的皮肤。感谢让你行走的双脚，让你用来做几乎每一件事的双手，以及让你能表达意见、与人沟通的嘴巴。感谢你神奇的免疫系统，让你保持健康或痊愈；感谢你所有的器官完美地维持着你的身体，让你活着。感谢你美妙的大脑，这世界上没有任何电脑科技能复制它。你的整个身体是这星球上最伟大的实验室，没有任何事物可以复制它的奇妙之处，连一点点都没办法。你就是一个奇迹！

　　感谢你的家、你的家人、你的朋友、你的工作，以及你的宠物。感谢太阳，感谢你喝的水、你吃的食物，以及你呼吸的空气——缺了其中任何一种，你就无法存活。

　　感谢树木、动物、海洋、鸟儿、花朵、植物、蓝天、雨、星星、月亮，以及我们这个美丽的星球。

　　感谢你每天使用的交通工具；感谢提供你生活所需各项基本服务的每一家公司，让你可以过着舒适的生活。因为有这么多人辛苦、流汗，你才能打开水龙头就有干净的水；因为有这么多人付出毕生心血，你才能按一下开关就有电可用。想象一下有多少人日复一日、年复一年地拼命工作，铺设出遍布全球的火车轨道；而将全世界联结成一个生活网的那些道路，究竟是多少人辛苦铺设出来的，简直难以想象。

"在日常生活中，我们很难理解自己得到的其实远比付出的多，也很难理解唯有通过感恩，人生才会变得富足。"

迪特里希·潘霍华（1906-1945）
路德教派牧师

你要励行感恩，才能使用它的力量。你**感觉到**的谢意越多，付出的爱就越多；你**付出**的爱越多，就能**得到**越多的爱。

身体健康状况良好时，你会感恩吗？或者只有当身体生病或受伤时，你才会注意到自己的健康状况？

一夜好眠时，你会感恩吗？或者你把那些睡得好的夜晚视为理所当然，只有失眠时才会想到自己的睡眠状况？

当一切都很顺利时，你会对自己所爱的人表达感激之情吗？或者只有在出现问题时，你才会去讨论自己的亲密关系？

当你使用某项器具或按下开关时，会感谢电吗？或者只有在停电时，你才会想到电的好处？

你感谢每天都活着吗？

每一秒都是个感谢和倍增你喜爱事物的机会。过去我认为自己是个很懂得感恩的人，但直到实践之后，我才知道真正的感恩是什么。

如果是在开车或走路，我会利用那段时间感谢生命中的每一样事物，连从厨房走到卧室时，我也会表达感恩之情。我会衷心地说："谢谢给予我这样的生活，谢谢这样的和谐，谢谢给我这样的喜乐，谢谢我的健康，谢谢所有好玩及令人兴奋的事，谢谢生命的奇迹，谢谢我生命中每一件神奇及美好的事。"

要感恩！感恩又不花钱，然而它比世上所有的财富更具价值。感恩让你可以拥有人生中的各项财富，因为无论你感谢的是什么，它都会倍增！

玩乐之钥

　　有一种绝对能让你对人生中的任何课题都感觉美好的方法，那就是运用想象力创造一些游戏，然后去玩。玩乐是有趣的，因此当你在玩的时候，你的感觉会十分美好。

　　从某个时候开始，我们不再像孩童时期那样嬉笑、玩乐，结果长大成人后，我们对生命的态度越来越严肃。但严肃会为你的人生带来严肃的情境，而当你玩乐时，你会觉得很美好——瞧！真正美好的情境就进入你的生命了。

　　人生应该是有趣的。运用吸引力法则来玩，并利用想象力创造一些游戏，因为吸引力法则不知道也不在乎你是否在想象、在玩，或者它到底是不是真的。无论你想象或感觉到的是什么，都会成真！

如何玩内在游戏

"通过小孩子最能让人了解并学会爱的法则。"

圣雄甘地（1869-1948）
印度政治领袖

该怎么玩？就去做你小时候会做的事，运用自己的想象力创造一些让你信以为真的游戏。

举例来说，想象你是个自行车选手，而且你想成为世界上最优秀的一个，并赢得环法自行车赛。你的训练进行得很顺利，眼前只看得到自己的梦想，但是你却被诊断出罹患某种疾病，而且只有百分之四十的存活概率。在接受治疗时，你想象自己正在参加环法自行车赛，那是你生命的竞赛；你想象医疗人员是你的训练团队，在每个检查点给你回馈；每天你都想象自己是在参加计时赛，而且成绩越来越好！你和你的医疗团队一起赢得这场比赛，你战胜了疾病。

一年后，你赢回自己的健康，赢得了环法自行车赛，而且连赢七年，成为历史上唯一达到那项成就的自行车手！这就是兰斯·阿姆斯特朗所做的事。他将最困难的状况当作道具，创造一个想象中的游戏，并实现了自己的梦想。

又比方说，你想要拥有世界上最健美的身材，也想成为美国的知名演员。你住在欧洲的一个小村庄，出身自穷困的家庭，但你依然做着你的梦。你利用一张英雄的照片雕塑自己的身体，并且想象你赢得欧洲健美先生的头衔。这个头衔你包办了七次，接下来，该要成为知名演员了。你到美国去，却没有人相信你是当演员的料，还提出各种你永远无法实现梦想的理由。但是你一直都想象自己变成有名的演员，你可以感受到成功，尝到成功的滋味，而且知道它必定会发生。这就是阿诺·施瓦辛格如何赢得七次"奥林匹亚先生"的头衔，接着又成为好莱坞大明星的故事。

再想象你希望成为伟大的发明家。小时候，你的心智被挑战到极限，幻觉和炫目的闪光让你无法承受。你没有完成大学学业，而且因为神经衰弱而离职。为了从危害你身体的幻觉中解脱，你借由创造自己的想象世界，掌控了你的心智。后来因为想创造一个更美好的未来，你将想象力引导至一些新发明上。你的发明完全是在想象中完成的；你更改发明物的结构、进行改善，甚至操作设备，却从来没有画草图。你在脑子里建造了一间实验室，并且在将你的点子变成实际仪器之前，运用想象力检查新发明物的耐用性。这就是尼古拉·特斯拉成为伟大发明家的故事。不管是交流电动机、无线电、扬声器、无线通信、荧光灯、镭射光、遥控技术，或是他三百多种专利发明的任何一项，全都是用这个方式发展出来的——通过他想象力的力量。

　　"逻辑带你从 A 走到 B，想象力则带你云游四方。"

阿尔伯特 · 爱因斯坦 (1879-1955)
获诺贝尔奖的物理学家

　　无论你要的是什么，都请你善用想象力、创造一些内在游戏，然后开心地玩。你可以使用任何道具作辅助。假如你想要减重或拥有更好的身材，那就创造一些游戏，让你觉得仿佛现在就拥有那样的身材。你可以在周遭贴满许多健美身材的照片，但其中的诀窍是：你一定要想象那些身体是**你的**！你一定要想象且感觉到你是在看着**你自己的**身体，而不是别人的。

　　如果你体重过重或过轻，那就想想若你现在就拥有理想体重，你的感觉会如何？应该会和现在的感受不同。跟你有关的每一件事都会改变：你走路的样子、说话的方式和做事的方法都不一样了。现在就像那样走路！现在就像那样说话！而你的举止要如同现在就拥有那个理想体重一样！无论你想要的是什么，都要去想象拥有它时你会有什么感觉，而且现在的行为举止就要像已经拥有它了。你想象且感觉到的是什么，释放出去给吸引力法则的就是什么，然后你一定会接收到它。

兰斯·阿姆斯特朗、阿诺·施瓦辛格及尼古拉·特斯拉——这些人都是运用想象力在玩游戏，并且全心地感受他们的梦想。他们想象的一切如此真实，真实到他们可以**感觉到**自己的梦想，而且确信它们必定会实现。你的梦想看起来有多遥远并不重要，事实上，它和你的距离比你生命中的任何事物都要近，因为能实现你梦想的所有力量，就在你之内！

"在信的人，凡事都能。"

耶稣（约公元前 5- 公元 30）
基督教创始人，《圣经》马可福音第九章第二十三节

未来我们将看到越来越多的证据，证实想象力的力量。科学家已经发现，当你想象自己实际上在做某件事的样子时，特殊的"镜子细胞"会启动大脑中的相同区域；也就是说，只要玩这种内在游戏，去想象你希望经历的事物，你的大脑就会把它当作真的，而做出反应。

如果你正在讲述某件过去或未来的事，此刻，你就在想象、就在感受那些事情，也处于那个频率上，而那就是吸引力法则正在接收的事。当你想象着自己的梦想时，吸引力法则当下就在接收。要记住，对吸引力法则而言，没有时间的区别，只有此时此刻而已。

如果你觉得没有及时接收到你想要的事物，那是因为要让你进入和自己渴望的事物相同的频率，需要花费一些时间。而为了和你的渴望进入同一个频率，你必须现在就感觉到已经拥有你渴望的事物那份爱！当你让自己进入同样的感觉频率，并且停留在那里，你所渴望的事物就会出现。

"你可能需要或渴望的一切已经是你的了。通过想象并感觉到你的愿望已经实现，来召唤你渴望的事物，让它成为现实。"

纳维尔·高达德 (1905-1972)
新时代思想家

当你对发生的任一件事感到非常兴奋，且觉得很美妙时，要把握住那股能量，去想象自己的梦想。你只要很快地想象并感觉一下你的梦想，就能驾驭那股被渴望的事物激发兴奋感所产生的力量！这就是在玩游戏，非常有趣；这就是创造你的生命的喜悦。

力量摘要

爱之钥

- 要让爱成为你人生的终极力量，你必须仿佛此生从未爱过般地去爱。跟生命坠入爱河吧！

- 只看见爱、只听到爱、只说爱，而且全心全意去感受爱。

- 你可以感受到的爱没有限制、没有上限，它全在你之内！你是由爱做成的。

- 每天都通过挑出你喜欢的事物并感觉到它们，来告诉吸引力法则你所爱的一切。

- 想改变自己的感受，或是想让美好的感觉再好一点，就在心里列出你喜爱的每一样事物！

- 你的工作就是每天尽可能去爱。

- 每天要尽可能认真注意身旁那些你喜爱的事物。

感恩之钥

- 每一次你觉得感激时,就是在付出爱。

- 对你人生中已经获得的一切感恩(过去)。对你人生中正在接收的一切感恩(现在)。对你想要的事物感恩,仿佛你已经得到了(未来)。

- 你的感恩之情会让你生命中的每样事物倍增。

- 感恩是一座桥梁,让你从负面感觉,走向能驾驭爱的力量的境地!

- 要励行感恩,才能使用它的力量。有任何好事发生在你身上,都要感恩;无论多么微不足道,都要说"谢谢"。

- 你感觉到的谢意越多,付出的爱就越多;你付出的爱越多,就能得到越多的爱。

- 每一秒都是个感谢和倍增你喜爱事物的机会。

玩乐之钥

• 当你在玩的时候，你的感觉会十分美好——然后真正美好的情境
  就进入你的生命了。严肃则会带来严肃的情境。

• 人生应该是有趣的！

• 吸引力法则不知道你是否在想象、在玩，所以无论你在想象中投
  射出什么、玩些什么，都会成真！

• 无论你要的是什么，都请你善用想象力、善用你找得到的任何道具，
  创造一些内在游戏，然后开心地玩。

• 现在的行为举止就要像已经拥有它了！你想象且感觉到的是什么，
  释放出去给吸引力法则的就是什么，然后你一定会接收到它。

• 如果你觉得没有及时接收到你想要的事物，那是因为要让你进入
  和自己渴望的事物相同的频率，需要花费一些时间。

• 当你对任一件事感到非常兴奋，且觉得很美妙时，要把握住那股
  能量，去想象自己的梦想。

力量与金钱

> "贫穷始于感觉到贫穷。"

拉尔夫·沃尔多·爱默生 (1803–1882)
超验主义作家

你对金钱的感觉如何？大多数人会说他们爱钱，但如果钱不够用，他们对金钱的感觉就一点也不好。假如一个人有他所需要的钱，那么很确定的是，他对金钱就会有好感。所以你可以分辨出你对钱的感受如何，因为如果你没有自己所需的钱，那你对金钱就不会有好的感觉。

若你把眼光放到外面这个世界，会发现大多数人对钱的感觉并不好，因为世界上大部分的金钱和财富都掌握在百分之十的人手中。而有钱人和其他人唯一的差别就是，有钱人对金钱给出的美好感觉多于不好的感觉。事情就是那么简单。

为什么那么多人对金钱没有好感呢？不是因为他们从没拥有过金钱——大多数的有钱人一开始也是一无所有。之所以有这么多人对钱有不好的感受，是因为他们对金钱抱持着负面信念，而那些负面信念是在他们小时候就被灌输到他们的潜意识里，例如，"我们买不起那个""钱是万恶之源""有钱人一定不诚实""想要钱是错的，而且很俗气""要拥有很多钱，意味着要拼命工作"。

　　当你还是个孩子时，你对父母、老师或社会告诉你的每一件事，几乎是照单全收。因此在没有深入了解的情况下，长大后你对钱就有了负面感受。讽刺的是，有人告诉你想要钱是错的，同时又有人告诉你必须赚钱谋生，即使那表示你得去做自己不喜欢的工作。甚至有人或许会告诉你，你想谋生的话，只能做某些工作，种类有限。

　　这些事情没有一件是真的。告诉你这些事的人不是有意的，他们只是在传递自己相信且认为真实的事，但是由于他们相信了，吸引力法则就会让它在他们的生命中成真。现在你已经了解到，生命是以一种完全不同的方式在运作，如果你的人生当中欠缺金钱，那是因为你对钱付出的坏感觉多于美好的感受。

　　"以无事取天下。"

老子（约公元前 6 世纪）
道家创始人

爱是黏力

我出身卑微，就算我的父母不想要很多的钱，他们还是必须很拼命才能使收支平衡。所以我和多数人一样，带着跟金钱有关的负面信念长大。我知道我必须改变对金钱的感受，才能改变我的状况，而且我知道我必须完全改变自己，这样金钱不仅会来到我面前，还会紧黏着我！

我发现有钱人不仅能为自己吸引到钱，还能让金钱黏着他们不放。如果你把世上所有的钱平均分给每一个人，短时间内，钱又会回到少部分人手上，因为吸引力法则一定跟着爱走，所以那些对金钱充满美好感觉的少数人会把钱吸回他们身上。爱的力量移动了世上所有的金钱和财富，而且它是依据法则来移动的。

"这是一个永恒不变的基本原理，本来就存在于宇宙万物、每一个哲学系统、每一种宗教、每一种科学之中。一切都脱离不了爱的法则。"

查尔斯·哈尼尔 (1866-1949)
新时代思想家

有人中了彩票时，你可以看到吸引力法则的作用。那些人全心想象并感受到自己会中奖，他们谈论的是**当他们赢得奖金时要做的事**，而不是**如果**赢得奖金要做些什么；他们计划并想象当中奖之后会做哪些事，然后他们就中奖了！不过，对大奖得主的调查统计显示了金钱是否会留在他们身上。大多数中了彩票的人，不到几年都会失去所有的钱，而且会比中奖之前负更多债。

会发生这样的事是因为，虽然他们使用吸引力法则中了彩票，但就算发了财，他们对金钱的真正感受并没有改变，于是他们失去了全部的钱。金钱并未附着在他们身上！

当你对金钱的感觉不好时，你就在驱赶它。它永远不会黏着你，即使你获得一笔意外之财，不久之后，你会发现它已经从你的指缝中溜走了 —— 来了更大的账单、东西故障、各种预料之外的状况都发生了，这些事情榨干你的钱，把钱从你的手中拿走。

所以，什么东西才能让钱黏住？爱！爱是带来金钱的吸引力，也是让金钱留住的力量！这跟你是不是个好人没有关系。你是不是好人毋庸置疑，因为你比你所了解的还要伟大。

你必须付出爱，并且对钱感觉美好，才能把钱带来给你，并且让它留下来！如果你现在缺钱，而且信用卡欠债继续增加，你就没有黏力，而且你正在驱赶金钱。

重点不在于你现在处于什么样的财务状态，而你的事业、你的国家或这个世界的财务状态如何也不重要。没有什么情况是"无望的"，即使在大萧条时期，还是有许多人成功，因为他们知道爱和吸引力的法则。他们通过想象且感觉到想要的一切来实践这个法则，并且对抗周遭的情势。

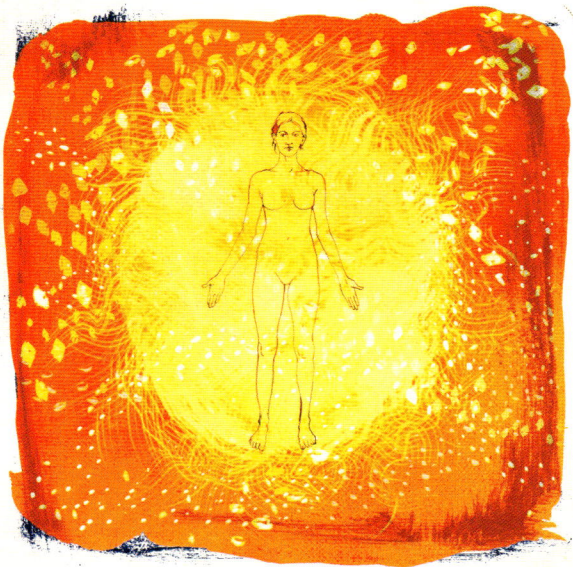

"让我们的生活美好起来，时代就会更美好。我们成就
了自己的时代；我们是怎样，这个时代就会是怎样。"

圣奥古斯丁 (354-430)
神学家及主教

爱的力量可以突破每个障碍或状况。世界问题对爱的力量
来说并不构成阻碍，无论时局是好是坏，吸引力法则都以同样
的力量运作。

如何改变你对金钱的感觉

当你改变对钱的感受时，你生命中的金钱数量就会产生变
化。你对钱的感觉越好，就能为自己吸引到更多钱。

如果你的钱不多，那么收到账单时你的感觉不会好。然而当
你对一张巨额账单产生负面反应的那一刻，你就释放出了不好的
感受，而可以确定的是，你将收到金额更大的账单。无论你给出
去的是什么，你都会接收回来。最重要的是，当你支付账单时，
要找个方法 —— 任何方法 —— 让自己感觉美好。绝对别在感觉不
好的时候付账，因为你只会替自己带来更大的账单。

　　要改变自己的感受，你必须使用想象力将你的账单变成某种让你感觉较好的事物。你可以想象它们其实根本不是账单，而是因为你得到了很好的服务，所以好心地决定捐钱给提供这项服务的公司或个人。

　　把账单想象成你收到的支票，或是对寄给你账单的公司表达感恩，想想看你从他们的服务中得到的好处 —— 例如有电可用或有房子可住。你可以在付账时，在账单的正面写下："感谢你。已付清。"如果没钱可以马上付清账单，就在账单的正面写下："感谢你给我这笔钱。"吸引力法则不会质疑你想象且感觉到的是否为真，它只会回应你释放出去的，就是这样。

"你不是根据你的工作或时间来获得酬赏，而是依据你爱的程度。"

圣女加大利纳（1347-1380）
天主教哲学家及圣师

　　拿到薪水时，要对它感恩，这样它才会倍增！大多数人连别人付他们薪水时也不会感觉美好，因为他们担心是不是每个月都能持续拿到薪水 —— 这些人错失了每次拿到薪水时可以付出爱的美妙机会。当一些钱来到你手中时，无论金额有多小，都要感恩！记住，不管你感谢的是什么，都会倍增！感恩是非常棒的倍增器！

把握每个玩内在游戏的机会

　　要把握每个处理钱的时刻，通过使自己感觉美好，来让金钱倍增。当你支付任何费用时，都要感受到爱！当你把钱交出去时，要感受到爱！你可以借由想象你付的这笔钱对那家公司和里面的所有员工有多大的帮助，来全心感受到爱。这会让你对给出去的钱感觉美好，而不是因为钱变少而有不好的感受。这两者的差别在于，前者让你很有钱，后者则让你一辈子都要为钱奔波。

　　这里有个你可以玩的游戏，如此一来，你会记得在每次处理钱的时候，要对它感觉美好。请想象一张一美元的钞票，想象钞票的正面代表"正向"，意味着有很多钱，背面则代表"负向"，意味着缺钱。每当你在处理钱时，要刻意让钞票的正面朝向你；

钞票放在皮夹时，也让正面朝着你；而付钱时，一定要确保钞票的正面朝上。这样做可以让你把钱当作提示，用来提醒自己要对拥有很多钱感觉美好。

如果你使用的是信用卡，就把有你名字的信用卡正面朝向你，因为信用卡的正面告诉你钱很多，而且有你的名字在上头！

支付任何费用时，当你交出信用卡或钱的时候，要想象收到你的钱的那个人会很富足，而且要真的这么认为。因为你给出去的是什么，就会收回什么！

想象你现在已经很富有，想象你现在已经拥有你需要的所有金钱，这时你的生活会有什么不同？想一想你会做的所有事情。你的感觉如何？你的感觉会不一样，而因为你的感觉变了，所以你走路的样子也会有所不同。你讲话的方式不一样了，你身体保持的姿势和移动的方式不一样了，你对每一件事的反应不同了，你对账单的反应也不一样了。你对生命中所有人事物的反应都会改变，因为你的**感觉**不同了！你会放松，心情平静，觉得快乐；你会变得随和，对每件事都感到轻松；你会享受每一天，而不是一直想着明天。那就是你想要抓住的感觉，那就是对金钱产生的爱的感觉，而且那份感觉带着吸引力，充满黏性！

"借由想象并感受到你已经拥有自己渴望的事物，来抓住那份与你想要实现的愿望产生联结的感觉，那么你的愿望将会自己显化。"

纳维尔·高达德（1905-1972）
新时代思想家

跟金钱说 "是"

记住，当你听到别人赚很多钱或很成功时，都要跟着感到兴奋，因为那表示你处在相同的频率上！那是你处于好频率的证明，所以要觉得兴奋，仿佛那件事发生在自己身上，因为你对那个消息的反应将决定一切。如果你的反应是替别人感到喜悦、兴奋，你就是在为自己向更多金钱和成功说 "是"；如果因为那件事并非发生在自己身上，所以你的反应是失望或嫉妒，那些不好的感受就是在替你向更多金钱和成功说"不"。如果你听到有人中了彩票，或是听到某家公司的获利破了纪录，要为他们感到兴奋、快乐。事实上，你会听到这种消息，代表你是处在同样的频率上，而如果你对那些人的成就感觉美好，就是在为自己说 "是"！

几年前，我的财务状况掉到人生空前的谷底：我有几张已经刷爆的信用卡、公寓抵押贷款金额已到上限，而因为正在制作《秘密》这部影片，所以我的公司负债了好几百万美元。我认为我的财务状况糟透了。我需要钱来完成影片；我了解吸引力法则，知道必须对金钱感觉美好，才能把钱带来给我。但那不是件容易的事，因为我每天都得面对与日俱增的债务、打电话来索款的人，而且我不知道怎样才能付薪水给我的员工。于是，我采取了极端行动。

我走到自动提款机前，从信用卡账户内领了好几百美元。我其实很需要那笔钱来付账单和买食物，但是我把钱放在手中，走到一条繁忙的街道上，然后把钱分送给街上的人。

我在手上放了一张五十美元的钞票，然后走在路上时，我看着迎向我的每张脸，试着决定要把钱给谁；我想把钱分送给每一个人，但我能给的金额有限。我让我的心做选择，把钱分送给各式各样的人。这是我生命中第一次感受到对金钱的爱，但是让我感受到爱的不是钱本身，而是分送钱给人们这件事让我对金钱产生了爱。那天是星期五，事后我带着喜悦的泪水度过整个周末，因为我感受到分送钱是如此美好。

而在星期一下午，一件惊人的事情发生了：通过一连串最不可思议的事件，我的银行户头里竟然收到了两万五千美元。那笔钱真的像是从天上掉进了我的人生和我的账户里。几年前，我买了朋友公司的一些股票，而我忘了这件事，因为股价从来也没涨过。但是那个星期一早上，我接到一通电话，问我是否要出售我的股份，因为股价突然高涨；而在星期一下午之前，出售持股的那些钱就在我的户头里了。

　　我分送钱不是为了得到更多钱，而是为了感受到对金钱的爱，想改变自己一直以来对金钱那种不好的感觉。如果我是为了得到钱才送出钱，那是没用的，因为那表示我的行动是出于"缺钱"的负面感受，而不是出于爱。但是如果你分送钱，而且在给出去时感觉到爱，那它肯定会回到你身上。有一位男士开了一张一百美元的支票，捐给一个他觉得很值得帮助的慈善单位；就在他开出支票后的十个小时内，他签订了他公司有史以来最大的一笔销售订单。

　　"重要的不是我们付出多少，而是我们在付出之中放进了多少爱。"

德蕾莎修女（1910-1997）
获诺贝尔和平奖的传教士

　　如果你正为钱挣扎，可以通过送出金钱丰足满盈的思想给路上遇到的行人，来培养对钱的美好感受。看着他们的脸，想象你送给他们很多钱，想象他们的喜悦，并感觉到它，接着移到下一个人。这是一件很容易做到的事，但假如你真的可以感觉到，它将改变你对钱的感受，也会改变你这一生的财务状况。

职业与事业

"没有心的天才是无用之物——单靠杰出的理解力或聪明才智，或是两者兼备，无法成就一个天才。爱！爱！爱！那才是天才的灵魂。"

尼古拉斯·约瑟夫·冯·杰奎恩（1727-1817）

荷兰科学家

爱的吸引力推动了世上所有的钱，无论是谁，只要借由感觉美好来付出爱，就会成为吸引金钱的磁铁。你不必通过赚钱来证明自己，你现在就值得拥有你所需的金钱！你本该为了工作带来的喜悦而工作，你去工作是因为它能带给你刺激和兴奋感，因为你喜爱那份工作！而当你爱你所做的事情时，钱就跟着进来了！

如果你做目前的工作只是因为你认为那是唯一可以让你赚到钱的方法，其实你并不喜欢那份工作，那么你永远吸引不到金钱或你喜爱的工作。你喜爱的工作此刻就存在了，而想要将它带来你身边，你所要做的就是付出爱。去想象并感受到现在已经拥有一份你喜爱的工作，你就会得到它；留意你目前的工作中所有美好的事物，并且去爱那些事物，因为当你给出爱时，你喜欢的一切会随之而来，你喜爱的工作就会走进你的生命中！

有一位失业男子去应征一份他一直想要的工作。应征了之后，他制作了一封假想的录取通知书，里面写明了他的薪水和工作细节；他还设计了印有他名字及公司商标的名片，并且带着能为这家公司工作的感恩心情看着那张名片；而每隔几天，他会写一封电子邮件给自己，恭喜他得到了那份工作。

这位男士通过了电话访谈，进行到了面对十位内部人士的面试阶段。面试结束后两个小时，公司打电话给他，说他得到了那份工作。这位男士获得了他一直想要的工作，而且薪水远超过他在那份假想的录取通知书上写下的金额。

即使你现在不知道自己这辈子想做些什么，你所要做的就是通过美好的感觉来付出爱，那么就能把自己所爱的每一样事物吸引过来。爱的感觉将带领你走向自己的目标。你梦寐以求的工作是在爱的频率上，而想要得到那样的工作，你只要让自己进入那个频率就行了。

"成功并非通往快乐的钥匙。快乐是打开成功之门的钥匙。"

阿尔贝特·施韦泽 (1875-1965)
获诺贝尔和平奖的医疗传教士及哲学家

　　想要在事业上成功，方法也是一样的。如果你有一份事业，但是它的发展不如你预期，那就代表你的事业在某方面不具"黏力"。而事业之所以变得没有黏力，最大的原因就是你对于"不成功"这件事产生了不好的感觉。即使事业一直进行得很顺利，但如果你在状况稍微下滑时，以负面的感觉来回应，那么你会为自己的事业带来更大的衰退。所有能让你的事业一飞冲天到你难以想象的高度的灵感和点子，都在爱的频率上，所以你必须想办法对自己的事业产生美好的感觉，尽量让自己进入最高的频率。

　　想象、玩乐、创造各种内在游戏，并且去做任何可以提振心情、让你感觉美好的事。当你提升自己的感受时，也同时提升了自己的事业。在人生的各个领域中，每天都要去爱你看到的每样事物、去爱周遭的一切，还要把其他公司的成功当作自己的成功一样去爱。如果你对"成功"真的有美好的感觉 —— 无论那是谁的 —— 你就把成功黏在自己身上了！

　　在事业或你从事的任何一份工作或劳动中，要确保你**付出**的价值等同于你从获利或薪水中**得到**的金钱。如果你付出的价值少于你得到的钱，你的事业或工作注定会失败。你就是不能占任何人的便宜、拿走任何人的东西，因为到头来，你占的是自己的便宜。你付出的价值和你接收到的要永远对等，而要确保做到这一点，唯一的方法就是付出比你得到的金钱更多的价值，如此一来，你的事业和职业生涯将会一飞冲天。

爱有无数种方式让你获得想要的一切

　　金钱只是让你去体验人生中你喜爱的事物的一个工具而已。当你想着用钱可以做到的事所感受到的爱与喜悦，会比只想着钱还要多。去想象你正和自己喜爱的事物在一起、你正在做你想做的事、你已经拥有你喜爱的一切，因为如此一来，你将会比只想着金钱感受到更多的爱。

　　爱的吸引力有无数种方式让你获得你想要的一切，其中只有一种跟钱有关。不要误以为金钱是你达成某个目标的唯一方法，那是限制性的思想，而你将因此局限了自己的人生！

　　我的妹妹就通过一连串惊险的事件，吸引到一部新车。在开车上班途中，她的车子被暴洪困在水中动弹不得。在紧急救难人员的坚持下，即使水位并未到达危险高度，她还是被带到没水的干燥陆地上。这期间她一直都在笑，而她被救援的过程甚至成了晚间新闻。我妹妹的车被洪水损坏，无法修复，而在两个星期内，她拿到一张巨额的理赔支票，于是就用这笔钱买了她梦想中的车。

　　这个故事最棒的部分是，我妹妹那时正在装修房子，所以没有多余的钱买新车，她甚至不敢想象自己能有一部新的车。而她会吸引到一部漂亮的新车是因为，当她听到我们另一个兄弟买了新车时，她开心到掉眼泪。我的妹妹是如此快乐，而且对我们的兄弟买了新车这件事付出许多爱，所以吸引力法则推动了每一个元素、状况及事件，也送了一部新车给她。那就是爱的力量！

　　你要等到真正获得自己想要的事物时，才会知道最后是如何得到的，但是爱的力量一直都知道。所以不要挡自己的路，而且要有信心。只要想象自己想要的，感受到你内在的快乐，爱的吸引力就会为你找出一个完美的方式，让你接收到自己想要的事物。

人类的心智能力有限，但爱的智慧是无限的，它的方式超越我们所能理解的范围，所以不要自我设限，认为你想要的东西只能通过金钱这个方式得到。不要将金钱设为你唯一的目标，你的目标应该是你想成为的人、想做的事或想拥有的事物。如果你想要一栋新房子，那就去想象并感觉到住在里面的喜悦；如果你想要漂亮的衣服、用具或车子，如果你想上大学、搬到另一个国家、接受音乐训练、演戏或从事某项运动——那就去想象它！然后这些事物全部会以无数的方式来到你身边。

爱的规则

有一条跟金钱有关的规则：你永远不可以将金钱放在爱的前面；如果这么做，就违反了爱的吸引力法则，而你将承担其后果。爱必须成为你生命中的主导力量，没有其他事物可以凌驾爱。金钱是你可以使用的工具，而你是通过爱把金钱带来的；但如果在你的生命中，你重视金钱甚于爱，将会接收到一大堆负面事物。你不能一边对金钱付出爱，一边又粗鲁无礼地对待别人，因为如果你那样做，就敞开了大门，让负面能量进入你的人际关系、健康、快乐和财务状况中。

"如果想要获得爱，请试着了解，唯一可以得到爱的方法，就是付出爱；付出得越多，就能得到越多；而要给出爱的唯一方法，就是让自己充满爱，直到你成为爱的磁铁。"

查尔斯·哈尼尔（1866-1949）
新时代思想家

　　你本来就注定拥有活出丰富人生所需的金钱，而不该受财务匮乏之苦，因为受苦会增加这个世界的负面能量。生命的美妙之处在于，当你把爱放在第一位，让你活出丰富人生所需的金钱就会来到你身边。

力量摘要

- 爱的吸引力推动了世上所有的钱，无论是谁，只要借由感觉美好来付出爱，就会成为吸引金钱的磁铁。

- 你可以分辨出你对钱的感受如何，因为如果你没有自己所需的钱，那你对金钱就不会有好的感觉。

- 爱是带来金钱的吸引力，也是让金钱留住的力量！

- 当你支付账单时，要找个方法——任何方法——让自己感觉美好。把账单想象成你收到的支票，或是对寄给你账单的公司表达感恩。

- 当一些钱来到你手中时，无论金额有多小，都要感恩！记住，感恩是非常棒的倍增器！

- 当你支付任何费用时，都要感受到爱，而不是因为钱变少而有不好的感觉。这两者的差别在于，前者让你很有钱，后者则让你一辈子都要为钱奔波。

- 使用实际的钱当作提示，用来提醒自己要对拥有很多钱感觉美好。想象钞票的正面代表"正向"，意味着有很多钱；而每当你在处理钱时，要刻意让钞票的正面朝向你。

- 如果你对"成功"真的有美好的感觉——无论那是谁的——你就把成功黏在自己身上了！

- 你付出的价值要等同于你从获利或薪水中得到的金钱；如果你付出的价值比你得到的金钱更多，你的事业和职业生涯将会一飞冲天。

- 钱只是让你去体验人生中你喜爱的事物的一个工具而已。爱的吸引力有无数种方式让你获得你想要的一切，其中只有一种跟钱有关。

- 想象你正和自己喜爱的事物在一起、你正在做你想做的事、你已经拥有你喜爱的一切，因为如此一来，你将会比只想着金钱感受到更多的爱。

- 生命的美妙之处在于，当你把爱放在第一位，让你活出丰富人生所需的金钱就会来到你身边。

力量与关系

"即使是短暂的接触，也要对每个人付出你所有的关怀、仁慈、理解和爱，别计较任何回报。从此以后，你的人生将有所不同。"

奥格·曼迪诺（1923-1996）
作家

"付出爱"适用于你生命中的每一件事，也是"人际关系"这个领域的重要法则。爱的力量不会管你是否认识某人，也不管那个人是朋友或敌人、是你爱的人或完全陌生；爱的力量不会在乎你面对的是同事、上司、父母、孩子、学生或店员。面对你所接触的每一个人，你不是在付出爱，不然就是没有付出，而你付出什么，就会接收到什么。

人际关系是你付出爱的最大管道，所以，借由在各种关系中付出爱，就能改变你整个人生。然而，关系同时也可以是你最大的致命伤，因为它们常常是你**不**付出爱的最大借口！

你给别人的，都会回到你身上

　　历史上的开悟者都告诉我们要爱别人，而你被教导要去爱别人，不是因为这么做你就会成为好人。事实上，这是生命的秘密！你学到的正是吸引力法则！当你爱别人时，**你**将拥有精彩的人生；当你爱别人时，**你**将获得你值得拥有的人生。

　　"因为全律法都包在'爱人如己'这一句话之内了。"

圣保罗（约 5-67）

基督教使徒，《圣经》加拉太书第五章第十四节

　　通过仁慈、鼓励、支持、感恩或任何美好的感觉来付出爱给别人，然后这份爱将回到你身上，而且会倍增，为你生命的其他层面带来爱，包括健康、金钱、快乐和职业生涯。

　　通过批评、愤怒、不耐烦或任何不好的感受对他人释放出负面能量，那个负面能量肯定会回到你身上！而当负面能量回来时，它会倍增，吸引更多负面事物，影响你接下来的人生。

与对方无关

你可以借由人际关系状态，立刻判断出你一直在释放的是什么。如果目前的关系很美好，代表你付出的爱与感恩多于负面能量；假如目前的关系出现困难或不顺遂，表示你在无意中释放出的负面能量多于爱。

有些人认为一段关系的好坏都是对方造成的，然而人生不是那么一回事。你不能对爱的力量说："只有在对方向我付出爱时，我才要付出爱！"除非先给予，否则你什么也得不到！你付出什么，就会得到什么，所以跟对方一点关系也没有 —— 跟你自己才有关！关键完全在于你给出什么，以及你感觉到什么。

你可以借由在那个人身上找出你喜爱、欣赏和感谢的地方，来马上改变任何一段关系。当你更常刻意去寻找自己喜爱的事物，而不是去注意负面事物时，奇迹就发生了。你会觉得对方身上仿佛发生了不可思议的事，但不可思议的其实是爱的力量，因为它消融了负面性，包括人际关系中的负面事物。你所要做的就是通过在对方身上寻找你喜爱的地方，来驾驭爱的力量，然后，那段关系中的一切都会改变！

　　我知道有许多段关系都是通过爱的力量修复的，但是在这里我要分享一个特别的故事，是关于某位女士利用爱的力量拯救了她原本摇摇欲坠的婚姻。这位女士对她的丈夫已经完全失去了爱；事实上，她无法忍受靠近他。她的丈夫每天都在抱怨、长期生病、忧郁、愤怒，而且对她和他们的四个孩子有言语上的虐待。

　　当这位女士学到付出爱所能产生的力量时，尽管婚姻有问题，她还是立刻决定要快乐起来。结果，他们家的气氛马上变得更轻松了，而她和孩子们的关系也变得更好。接着，她去翻阅相册，看着他们刚结婚时丈夫的照片。她拿了其中几张，把它们摆在桌上每天看，结果，令人惊奇的事情发生了。她感受到一开始对她丈夫所拥有的那份爱，而当她觉得爱回来了的时候，她心里的爱的感觉开始大幅度增加，到达一种从未有过的程度——她之前从来没有如此爱过自己的丈夫。她的爱强烈到她丈夫的忧郁和愤怒都消失了，而且开始恢复健康。这位女士从本来希望尽可能远离自己的丈夫，转变成两人都想要尽量陪在彼此身旁。

爱代表自由

现在要来谈谈在人际关系中付出爱时，很微妙的部分——这也是让许多人无法获得他们值得拥有的生活的原因之一。会觉得微妙、难处理，只是因为人们误解了"给别人爱"的意思；而要弄清楚，首先要了解什么叫作"**不是**在付出爱"。

试图改变他人，**不是**在付出爱！认为你知道什么对别人最好，**不是**在付出爱！认为自己是对的而别人是错的，**不是**在付出爱！批评、责备、抱怨、唠叨或挑剔他人，**不是**在付出爱！

"于此世界中，从非怨止怨，唯以忍止怨；此古圣常法。"

佛陀（公元前 563- 前 483）

佛教创始人

这里要分享一则我收到的故事，故事中指出了我们在关系里一定要注意的地方。有位男士的妻子离开了他，而且把他们的孩子都带走了。这位男士一蹶不振，他怪罪他的妻子，而且拒绝接受她的决定。他持续跟她联络，决心尝试各种方式，来改变她的心意。也许他认为这么做是出于对妻子和家人的爱，但他的行为并不是爱。他责怪妻子结束他们的婚姻，认为她是错的，自己才是对的；他拒绝接受妻子为她自己所做的选择。由于他不停地骚扰他的妻子，所以被逮捕了，而且被关进监牢里。

这位男士最后了解到，当他否决了他太太选择**她**想要什么的自由时，并不是在付出爱，结果，他失去了**他的**自由。吸引力法则就是爱的法则，你不能违反它；如果违反的话，你就毁了自己。

我分享这个故事的理由是，要结束一段亲密关系，对很多人来说是很困难的。你不能否定别人选择他们想要什么的权利，因为那不是在付出爱。虽然在你觉得心碎时，还要尊重每个人选择的自由和权利，简直像要吞下一颗很苦的药丸，但你必须这样做。你给别人什么，就会接收到什么，所以当你否定他人选择的自由时，就会吸引那些会否定你自身自由的负面事物。也许是你的收入减少了、健康出了状况，或是工作绩效衰退，因为这些事情都会影响你的自由。对吸引力法则而言，没有"别人"这回事，不管你给出去的是什么，都会回到你身上。

对别人付出爱，不代表你允许他们以任何形式践踏你或伤害你，因为那也不是在付出爱；而允许别人利用你，不是在帮助那个人，当然对你自己也没有任何帮助。爱是困难的，我们通过爱的法则学习、成长，而在这学习过程中，我们会经历许多后果。所以，允许他人利用或伤害你并不是爱，真正的答案是，要尽可能让自己处在美好感觉的最高频率上，这么一来，爱的力量会为你解决任何状况。

> "每当有人侵犯我，我会努力提升自己的灵魂，让这个侵犯影响不了我。"

勒内·笛卡尔 (1596-1650)
数学家及哲学家

关系的秘密

生命将各种事物呈现在你面前，让你可以选择自己喜爱的。而生命给你的礼物的其中一部分是，你会遇到各式各样的人，因此你可以在那些人身上选择你喜爱的地方，然后避开你不喜欢的部分。你不用刻意对不喜欢的人身上的特质产生爱的感觉，只要转身离开，不要对它们有任何感觉就行了。

远离他人身上你不喜欢的一面，代表你轻松以对，而且很清楚生命给了你选择权。你不必和他们争论谁对谁错，或是去批评、责备他们，或者认为你才是对的，而想要改变他们。因为如果你做了这些事，就不是在付出爱 —— 确实就是这样！

"仁慈的人善待自己；残忍的人扰害己身。"

所罗门王（约公元前 10 世纪）
《圣经》中的以色列王，箴言第十一章第十七节

当你在爱的感觉频率上时，只有那些跟你处于同一频率的人才能进入你的生命。

你知道有些日子你会感到非常快乐，有些日子则觉得恼怒，有些日子又会觉得难过。你可以是许多不同版本的自己，而跟你有关系的人也可以有许多不同的面貌，包括快乐、恼怒或悲伤。毋庸置疑地，你会见到他们以不同的版本出现，但每一种版本都是那个人。当你快乐时，只有他人的快乐版本才能进入你的生命中，但是**你**必须先快乐起来，才能接收到其他人的快乐版本！

不过这并不表示你要为别人的快乐负责，因为每个人都要负责自己的人生和快乐。上一段内容的意思是，你所能做的除了让自己快乐起来之外，没有别的了，剩下的，就交给吸引力法则去处理。

"快乐取决于我们自己。"

亚里士多德（公元前 384- 前 322）

希腊哲学家及科学家

个人情绪教练

要在冲突或棘手的人际关系中，把那根刺拔掉，其中一种方式是把那些人想象成你的"个人情绪教练"（**PETs，Personal Emotional Trainers**）！爱的力量为你准备了许多个人情绪教练，他们伪装成一般人，全都是为了训练你去选择爱！

有些人可能是温和的个人情绪教练，因为他们不会太逼迫你，所以你很容易就喜欢他们；有些人或许是严格的个人情绪教练，因为他们把你逼到极限，就像某些个人体能教练一样。不过，他们可以让你更坚决，无论如何都要选择爱。

个人情绪教练会利用各种状况和策略来挑战你，但请记住一件事：每个呈现在你面前的挑战，都是为了让你可以选择去爱，并且远离负面性和责备。有些教练也许会刺激你去评判他们或其他人，但是不要上当，因为评判是负面的，那并不是在付出爱。所以，如果你无法喜爱某人或某事当中的美好，就转身离开。

　　有些教练也许会借由招惹你，让你想复仇、生气或怨恨来测试你。这时，你可以通过在生活中寻找你喜爱的事物，来远离他们。有些教练甚至会用罪恶感、无价值感或恐惧来打击你，这时也不要上当，因为任何一种负面性都不是爱。

　　　"恨使生活瘫痪无力，爱使它重获新生。
　　　恨使生活混乱不堪，爱使它变得和谐。
　　　恨使人生漆黑一团，爱使它光彩夺目。"

　　　　　　　　马丁·路德·金（1929-1968）
　　　　　　　　　　　浸信会牧师及人权领袖

　　如果你把生命中遇到的人想象成你的个人情绪教练，在处理棘手的人际关系时会有很大的帮助。严格的教练能使你更坚决，无论如何都决定要选择爱。但他们也给了你一个讯息：他们正在告诉你，你让自己掉到负面的感觉频率上了，而你必须感觉好一点，才能脱离！除非你已经处于同样的负面感觉频率中，否则没有人能进入你的生命，并带来负面影响。假如你是在爱的感觉频率上，别人有多严格、多负面都不重要，因为他们不会、也无法影响你！

　　每个人都只是在做自己的工作，就像你也只是在做自己的分内事，成为其他人的个人情绪教练而已。没有敌人，只有一些很棒的个人情绪教练，以及一些严格的个人情绪教练——他们让你变得非常棒。

吸引力法则的黏力

吸引力法则是有黏力的。当你为别人的好运开心时，他们的好运会"黏"着你！当你钦佩或欣赏他人的任何一项特质时，你正把那些特质"黏"在自己身上；反之，当你想着或讨论跟某人有关的负面事情时，你也是在把那些负面的事情"黏"在自己身上，而且把它们放进你的生命中。

吸引力法则会回应**你的**感觉。你给出去什么，就会得到什么，因此如果你为生命中的任何人事物贴上标签，其实是在把标签贴在自己身上，那就是你会接收到的。

这是个很好的消息，因为这表示你可以借由在他人身上寻找你喜爱的事物，并全心全意对它们说"是"，来将你喜欢和想要的一切黏在自己身上！这个世界就是你的画册，而当你了解你的爱所具备的力量时，在他人身上留意你喜爱的事物就成了一份全职工作，不过，这是改变你整个人生最容易也最棒的一种方式。它能战胜挣扎和痛苦，而你所要做的，就是注意他人身上让你喜爱的地方，并远离你不喜欢的部分，这样你就不会对它们产生任何感觉。是不是很容易？

"第一步，保有良好的思想，第二步，传讲良善的话语，第三步，行出美好的事迹，我就进入了天堂。"

阿尔塔·维拉夫书（约公元 6 世纪）
祆教经典

八卦也有黏性

八卦表面上看似无伤大雅，但它会在人们的生活中引起许多负面的事情。谈论八卦时，没有在付出爱，而是释放出负面能量，那正是你之后会接收到的。被说闲话的人并不会受到伤害，会受伤害的是那些聊八卦的人！

当你和家人或朋友聊天时，他们告诉你关于某人说过或做过的负面事情，他们就是在八卦，而且正在释放负面能量。而当你听他们说人是非时，你也正在释放负面能量，因为你是一个有感觉的存在体，所以听到负面的事情时，你的感觉一定会迅速低落。当你和同事边吃午餐边聊天，而你们两个都在讲某人的闲话时，那就是在八卦，而且你正在释放出负面能量。当你谈论或听到负面的事情时，不可能会有美好的感觉！

所以坦白说，我们必须小心不要插手去管别人的闲事，不然他们的事会变成我们的事！除非你想要有那样的经验，不然就远离八卦，不要有任何感觉。这样你不仅帮了自己，也帮助了那些不知道八卦会为他们的人生带来这么大负面影响的人。

如果你发现自己正在道人长短，或是听别人聊八卦，可中断对话，然后说"但是我很感谢……"，接着以被人说闲话的那个人身上某项美好的特质，来填完这个句子。

"若以染污意，或语或行业，是则苦随彼，如轮随兽足。
若以清净意，或语或行业，是则乐随彼，如影不离形。"

佛陀（公元前 563- 前 483）
佛教创始人

你的回应就做出了选择

生命将各种人事物呈现在你面前，让你选择你喜爱什么、不喜爱什么。当你对任何事物做出反应时，你是用你的感觉在反应，而当你这样做时，你就选择了那样事物！你的反应无论是好是坏，都会把那样事物黏在你身上——事实上，你是在说："我还要更多类似的东西！"所以重要的是，要留意你在人际关系中的反应，因为无论你反应的感觉是好是坏，它们就是你给出去的感觉，而你将会接收到更多让你产生类似感受的事件。

如果有人说了或做了某件事，然后你发现自己感到心烦意乱、被冒犯或生气，请尽可能立刻改变那个负面反应。光是察觉负面反应，就能马上除去负面感觉的力量，甚至可以停止它们。但如果你觉得负面感觉似乎紧抓着你，最好先离开一下，并且花几分钟去寻找你喜爱的事物，找到一个之后，再找下一个，直到你觉得好多了为止。你可以利用你喜爱的任何事物来让自己感觉好一点，例如听你最喜欢的音乐、想象你喜欢的事物，或是做你喜欢的事。你也可以想一想那个让你心烦意乱的人身上有什么你喜欢的地方。这或许很难，但如果你做得到，它是让你感觉变好最快的方式，也是使你得以控制自己的感觉的捷径！

"一个能控制自己的人，可以终止忧伤，就像他可以创造出愉悦一样。我不想任凭自己的情绪处置，我想使用、享受及掌控它们。"

奥斯卡·王尔德 (1854-1900)
作家及诗人

你可以改变你人生中的任何负面情境，但这无法通过不好的感受做到。你必须对负面情境采取不同的反应，因为如果你的反应一直是负面的，不好的感受会让负面能量扩大并加倍；而当你给出美好的感觉时，正面性会扩大且倍增。就算你无法想象某个特定情境怎么可能转变成正面的状况也没关系 —— 反正它就是可以！爱的力量总能找到方法。

爱是盾牌

如果要除去他人负面性的力量，且不受其影响，那就要记得每个人周围都有个感觉磁场。有爱、喜悦、快乐、感恩、兴奋、热情，以及各种美好感觉的磁场，也有愤怒、沮丧、挫折、憎恨、复仇欲望、恐惧，以及各种负面感觉的磁场。

被愤怒磁场包围的人根本无法产生美好的感觉，所以如果你出现在他们面前，他们很可能会把气出在你身上。那些人并非有意伤害你，只是当他们通过愤怒的磁场看这个世界时，看不到任何美好的事物，只能看见那些让他们生气的事。而因为那些人只看得见愤怒，所以他们很可能会生气，并且把怒气发泄在他们看到的第一个人身上——通常是他们所爱的人。这种情况听起来是不是很熟悉？

当你感觉很好时，你磁场的力量会创造出一面盾牌，没有任何负面能量可以穿透。因此，不管任何人对你释放出什么负面能量都没关系，它都触碰不到你；它会被你的感觉场弹开，对你不会造成任何影响。

另一方面，假如有人对你大声咆哮，而且你受到他们说的话影响，那你就知道自己的感觉一定往下沉了，因为负面能量穿透了你的感觉场。发生这种状况时，你唯一能做的就是找个借口、礼貌地先行离开，这样你才能让自己重新恢复美好的感觉。当两个负面场域彼此接触时，其威力会瞬间倍增，从中不可能产生任何美好的事物。你会由自己的人生经验中得知这个道理：两个负面场域碰在一起，不是什么美好的景象！

"浊以静之徐清。"

老子（约公元前 6 世纪）
道家创始人

如果你产生了悲伤、失望、沮丧或任何负面感觉,你就是在通过那个感觉场去看世界,那么这个世界在你看来就会是悲伤、失望、沮丧的。你无法通过一个坏感觉的场域看见任何美好的事物。不只是你的负面场域会吸引更多负面能量,而且在改变自己的感受之前,你绝对找不到任何问题的解决之道。所以,相较于想方设法、试图改变外在世界的环境,改变自己的感受反而比较容易。世上所有的实际行动都无法改变状况;其实只要改变感受,外在环境就会跟着改变!

"这股力量来自你的内在,然而,如果不把这力量给出去,就无法得到它。"

查尔斯·哈尼尔(1866-1949)
新时代思想家

当某人被喜悦的磁场包围时,你可以感受到他的喜悦穿越整个房间触动了你。有些人广受欢迎且个性极具吸引力,其实是因为他们大多数时候都感觉良好。围绕着他们的喜悦场的吸引力如此之大,把所有人事物都吸到他们身边了。

你越是付出爱且感觉美好,你磁场的吸引力就会越来越强,范围也越来越大,把你喜爱的所有人事物都吸引到你身边!想象一下那种景象吧!

爱是联结一切的力量

"天下之人皆相爱，强不执弱，众不劫寡，富不侮贫，贵不傲贱，诈不欺愚。"

　　墨子（约公元前 470- 前 391）

中国哲学家

　　你每天都有机会通过美好的感受付出爱给别人。当你觉得快乐时，肯定会释出正面能量和爱给你接触到的任何人；而当你付出爱给他人时，爱就会回到你身上，而且是以远比你所能理解的更棒的方式回来。

　　当你对其他人付出爱时，如果你的爱对他们产生的影响很正面，以至于他们也付出爱给其他人，那么无论有多少人受到正面影响、无论你的爱传到多远的地方，那份爱全部都会回到你身上。你不只会收到你给最初那个人的爱，还会收到来自每一个受到影响的人的爱！而爱会化为各种正面的人事物，回到你身上。

　　另一方面，如果你对别人的影响太负面，导致他继续对另一个人产生负面影响，那么负面能量将全部回到你身上。它会

化为影响金钱、你的职业、你的健康或你的人际关系的负面状况，让你接收到。无论你给别人什么，都会回到你身上。

"如果外在事件使你苦恼，造成痛苦的并非事件本身，而是你对事件的看法；你随时有力量可以终止这个看法。"

马可 · 奥勒留（121–180）

古罗马皇帝

　　当你觉得充满热忱、快乐和雀跃时，那些美好的感觉会感染与你接触的每一个人。即使你只是在一家商店、公交车上或电梯里和某人短暂邂逅，当你的美好感觉让你接触到的任何人有所不同时，那个状况都会对**你的**人生产生难以想象的影响。

　　"要记住，没有所谓的小善行，每个行为都会创造
　　出无止境的涟漪。"

史考特·亚当斯（生于1957年）
漫画家

　　爱是每段关系的解决之道和答案，你永远无法借由负面能量来改善关系。把"创造过程"运用在你的人际关系上，借由付出爱来获得爱。把"力量之钥"运用在你的人际关系上，留意你喜爱的事物，列出你喜爱的事物，谈论你喜爱的事物，然后要远离你不喜欢的。想象拥有完美的人际关系，尽可能想象到最高境界，并且全心地感受到已经拥有那样的关系。如果你发现很难对某段关系产生美好的感觉，那就去爱你周遭其他每一件事，别再去注意那段关系中的负面事物！

　　爱能为你做任何事！而你所要做的，就是借由感觉美好付出爱，那么你关系里的任何负面能量都会逐渐消失。每当你在人际关系中遇到负面状况时，解决之道都是爱！你不会、也永远不可能知道它将**如何**被解决，但只要你持续感觉美好并付出爱，事情就是会解决。

　　这个来自老子、佛陀、耶稣、穆罕默德及每一位伟人的讯息是如此响亮、清晰 —— 去爱吧！

力量摘要

- 面对你所接触的每一个人，你不是在付出爱，不然就是没有，而你付出什么，就会接收到什么。

- 通过仁慈、鼓励、支持、感恩或任何美好的感觉来付出爱给别人，然后这份爱将回到你身上，在你生命的每个层面倍增。

- 在一段关系中寻找自己喜爱的事物，而不是去注意负面事物，那么你会觉得对方身上仿佛发生了不可思议的事。

- 试图改变他人、认为你知道什么对别人最好、认为自己是对的而别人是错的，都不是在付出爱！

- 批评、责备、抱怨、唠叨或挑剔他人，都不是在付出爱！

- 你必须先快乐起来，才能接收到其他人的快乐版本！

- 爱的力量为你准备了许多个人情绪教练，他们伪装成一般人，全都是为了训练你去选择爱！

- 你可以借由在他人身上寻找你喜欢的地方，并全心全意对那些特质说"是"，来将你喜欢和想要的一切黏在自己身上！

- 当你谈论或听到负面的事情时，不可能会有美好的感觉！

- 生命将各种人事物呈现在你面前，让你选择你喜爱什么、不喜爱什么。当你对任何事物做出反应时，你是用你的感觉在反应，而当你这样做时，你就选择了那样事物！

- 你无法通过不好的感受改变你人生中某个负面情境；如果你的反应一直是负面的，不好的感受会让负面性扩大并加倍。

- 当你感觉很好时，你磁场的力量会创造出一面盾牌，没有任何负面能量可以穿透。

- 相较于设法、试图改变外在世界的环境，改变自己的感受反而比较容易。只要改变感受，外在环境就会跟着改变！

- 你越是付出爱且感觉美好，你磁场的吸引力就会越来越强，范围也越来越大，把你喜爱的所有人事物都吸引到你身边！

力量与健康

"我们内在的自然力量，才是疾病真正的治疗者。"

希波克拉底（约公元前 460- 前 370）
西方医学之父

健康指的是什么？你也许以为健康表示你没有生病，但健康的意义远不止这样。如果你觉得还好、普通或没什么特别的，你并不健康。

健康意味着和小孩有同样的感受。小孩子每天都活力充沛，他们的身体感觉起来轻盈且有弹性，移动时毫不费力；他们脚步轻快、心智清澈，快乐且没有烦恼和压力；他们每晚都睡得很沉、很安稳，而且隔天醒来非常有精神，似乎脱胎换骨；他们对每个新的一天都觉得充满热情和兴奋 —— 看看小孩子吧，你会知道健康真正的意义。你过去曾有过这样的感受，而你现在**仍然**应该有！

　　你大部分时间都可以有如此感受，因为通过爱的力量，你可以持续享有无限的健康！绝对不会有任何时刻有东西从你身上消失，你想要的都是你的，包括无限的健康，但你必须敞开心扉来接收它！

你相信的是什么？

　　"因为他心怎样思量，他为人就是怎样。"

　　　　　　所罗门王（约公元前 10 世纪）
　　　　　《圣经》中的以色列王，箴言第二十三章第七节

　　这是有史以来最伟大的智慧话语之一，不过，"因为他心怎样思量，他为人就是怎样"是什么意思？

　　你心里想的就是你认为真实的事。所谓信念，就是重复的念头加上强烈的感觉，例如"我很容易感冒""我的胃很敏感""我觉得减肥很难""我对那个过敏""咖啡让我保持清醒"，这些全是信念，而非事实。信念就是你在做决定时已经有定论了，你关上门、钉死，然后把钥匙丢掉，没有协商的空间。然而，无

论你的信念对你是好是坏，你相信并觉得真实的事物，对你而言**就会**变成真的。因为吸引力法则是这么说的：不管你释放出去的信念是什么，都一定会回到你身上。

许多人对疾病抱持的恐惧信念多于他们对健康拥有的美好信念。这并不让人意外，因为这个世界的焦点都集中在疾病上，而且你每天都被那些讯息包围。由于人们越来越害怕疾病，所以尽管医学如此发达，疾病还是持续增加。

你对健康的美好感觉多于你对疾病的负面感受吗？你比较相信人一辈子都可以很健康，而不是疾病无法避免吗？如果你相信你的身体状况会随着年纪衰退，而且疾病是无法避免的，你就是在释放那个信念，然后吸引力法则一定会让那样的健康和身体状况回到你身上。

"因我所恐惧的临到我身，我所惧怕的迎我而来。"

《**圣经**》约伯记第三章第二十五节

医学上的"安慰剂效应"就证明了信念的力量。他们让一组病人接受真正的药物或治疗，另一组得到的则是安慰剂 —— 可能是糖锭或假的治疗方式 —— 不过两组人都没有被告知何者才有治疗他们的症状或疾病的功效。然而，获得安慰剂的那组通常会觉得健康状况有重大改善，症状减轻或消失了。安慰剂效应的惊人结果通常显示了信念对我们的身体所产生的力量。你通过信念或强烈的感觉持续**给予**身体的东西，之后一定会在你的**身体上显现**出来。

　　你的每个感觉都会渗入你全身每一个细胞和器官。当你有美好的感觉时，你就在付出爱，然后你会以惊人的速度通过你的身体接收到健康的完全力量；而当你产生不好的感觉时，紧张的状况会让你的神经和细胞收缩、体内重要化学物质的生产发生变化、血管收缩、呼吸变浅，这些全都会减少你的器官和整个身体里的健康力量。所谓疾病，只是因为紧张、焦虑和恐惧等负面感觉，而使得身体长期处于无法放松的状态所造成的结果。

　　"你的情绪会影响你体内每一个细胞。心智和身体、心理层面和身体层面，是互相影响的。"

汤玛士·塔特科（生于 1931 年）
运动心理学家及作家

你身体里的世界

你的体内有一整个世界！想要了解你对自己的身体所拥有的力量，你必须知道这个体内世界，因为它完全听命于你！

你身体里面的每个细胞都有它扮演的角色，而它们都为了让你的生命持续下去这个唯一的目标而彼此合作。有些细胞是特定区域或器官的领导者，负责管理和指挥自己区域内——例如心脏、大脑、肝脏、肾脏及肺脏——所有的工作细胞。某个器官的领导细胞会指挥和管理其他细胞在该器官工作，以确保秩序及和谐，让器官完美运作；巡逻细胞则在你体内长达九万六千公里的血管里四处游走，以维持秩序及和平。当有皮肤擦伤之类的干扰发生时，巡逻细胞会马上发出警讯，然后适当的修复队伍会立刻赶到那个区域。以擦伤来说，首先赶到现场的是血液凝固小组，它们会开始运作，以阻断血流；而在它们的工作完成之后，组织和皮肤小组就进入该区域，进行修补组织和愈合皮肤等修复工作。

如果有入侵者进入你的身体，例如细菌感染或病毒等，记忆细胞会立刻采集入侵者的痕迹，然后比对自己的记录，看看是否吻合先前的入侵者。如果找到符合的资料，记忆细胞会马上通知相关的攻击小组去消灭入侵者；如果比对不到，记忆细胞就会为这个入侵者建立新档案，而**所有**的攻击小组都会被召集到那个区域去消灭入侵者。接着，记忆细胞会在它们的档案中记录是哪个攻击小组成功消灭入侵者的，这样假如这个入侵者又来了，记忆细胞就能知道对手是谁，以及如何应付。

如果你体内的某个细胞因为某种原因改变了行为，不再正常运作时，巡逻细胞会向救援小组发出信号，要它们马上来修补那个细胞。如果细胞需要特定的化学物质才能修复，在你体内的天然药店就找得到。你身体里面有一个完整的药店在运作，它可以制造药厂所能生产的每一种有疗效的化学药品。

所有的细胞必须以团队方式运作，终其一生每天二十四小时、一星期七天群策群力，唯一的目标就是维持你的生命和身体健康。你的身体大约有一百兆个细胞。它们不停地工作，就是为了让你活下去！这一百兆个细胞全都听命于你，而你是用思想、感觉和信念来命令和指挥它们。

无论你相信什么跟你的身体有关的事，你的细胞也会相信，它们不会质疑你思考、感觉或相信的任何事；事实上，你的细胞听得见你的每个思想、感觉和信念。

如果你想着或说着"我每次旅行都会有时差"，你的细胞就会把"时差"当作指令，而且一定会执行。如果你认为且感觉到自己有体重问题，你的细胞就会接收体重问题的指令；它们必须听从你的指示，让你的身体保持在过重的状态。如果你害怕会生病，你的细胞接收到疾病的讯息，就会马上开始忙着创造出疾病的症状。你的细胞之所以会回应你的每个命令，其实就是吸引力法则在你体内运作。

"看见每个器官完美的那一面，那么疾病的阴影永远笼罩不到你。"

罗伯特·柯里尔 (1885-1950)
新时代思想家

你想要的是什么？你会喜欢什么？那就是你必须给你身体的东西。你的细胞是你最忠实的臣民，毫无置疑地服侍你，因此你的所思所感都会成为你身体的律法。如果你想要像小时候一样感觉美好，就给你的细胞这些指令："我今天感觉很棒""我有很多能量""我有完美的视力""我想吃什么都行，还能维持理想体重""我每晚都睡得跟婴儿一样安稳"。你是一个王国的统治者，无论你想到、感觉到的是什么，都会成为你王国的律法——也就是你身体里的法则。

心的力量

"就某种意义而言，人类是宇宙的缩影；因此，人类是什么样子，就是宇宙全貌的线索。"

大卫·博姆 (1917–1992)
量子物理学家

你身体内部其实就是太阳系和宇宙的地图 —— 你的心脏是太阳，是你身体系统的中心；你的器官则是行星，而就像各大行星依靠太阳维持平衡及和谐一样，你身体的所有器官也都是靠你的心脏来维持平衡及和谐。

加州心脏数理研究院的科学家指出，在心中感受到爱、感恩与感谢，能够提升你的免疫系统，增加重要化学物质的产出，增加身体的活力，降低压力荷尔蒙的水准、高血压、焦虑、罪恶感及倦怠，而且可以改善糖尿病患者体内葡萄糖的调节机制。爱的感觉还能让心跳的韵律更和谐。心脏数理研究院还指出，心脏的磁场比大脑磁场强五千倍，而且范围可以从你的身体延伸出去好几英尺远。

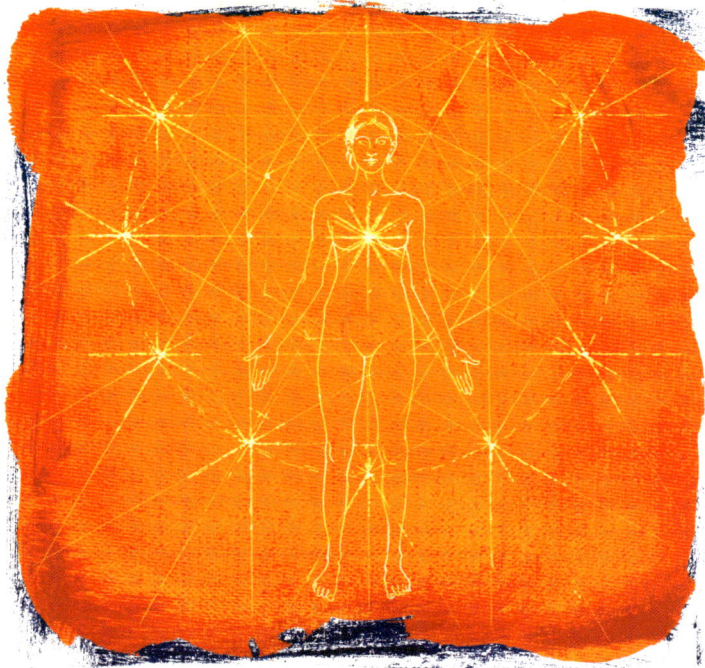

　　在爱对健康所产生的影响这件事情上，其他科学家通过水的实验革新了我们的理解。水和健康有什么关系？你的身体百分之七十由水组成，而你的大脑里面有百分之八十是水！

　　日本、俄罗斯、欧洲及美国的研究人员已经发现，当水接触到爱和感恩之类的正面字眼及感受时，不只水的能量层次会提升，它的结构也会改变，呈现完美的和谐；正面感受的程度越高，水的结晶就会变得越美丽、越和谐。而当水接触到憎恨之类的负面情绪时，其能量层次会降低，而且发生混乱的改变，对水的结构产生负面影响。

如果人类的情绪可以改变水的结构，你能想象自己的感觉对你的身体健康有何影响吗？你的细胞大部分由水组成，每个细胞的中心都是水，而且外面都被一层水完全包着。

你能想象爱与感恩对你身体的影响吗？你能想象爱与感恩的力量可以让你恢复健康吗？当你感觉到爱的时候，你的爱就影响了你体内那一百兆个细胞中的水！

如何使用爱的力量获得全然的健康

"有大爱的地方就有奇迹。"

薇拉 · 凯瑟（1873—1947）
获普利策奖的小说家

想获得你想要且喜欢的健康，一定要付出爱！面对任何疾病，都要释放出对健康的美好感受，因为只有爱才能带来全然的健康；你不可能释放出对疾病的坏感觉，然后还能获得健康。如果你厌恶或害怕疾病，就会产生不好的感觉，而不好的感觉是无法使疾病消失的。当你释放出对你渴望的事物的思想和感觉时，你的细胞就接收了健康的全部力量；而当你对不想要的事物产生负面的思想和感觉时，你细胞能接收到的健康力量就减少了！就算你是对健康以外的问题有不好的感受，一样会有影响。当你感觉不好时，就削弱了能使身体健康的力量；但是当你对任何事物都能感受到爱——无论是晴天、新房子、朋友或升迁——你的身体就会接收到健康的全部力量。

感恩是很棒的倍增器，所以每天都要对你的健康说"**谢谢你**"。就算你拥有世界上所有的钱，也买不到健康，因为它是来自生命的礼物，所以，最要紧的是要对你的健康表达感激之情！感恩是你所能拥有最好的健康保险，因为它就是健康的保证。

要感谢你的身体，而不是挑它的毛病。每当你认为你不喜欢身体的某部分时，要记住：你体内的水正在接收你的感受。你要衷心地对你喜欢的身体部位说"**谢谢**"，然后忽略你不喜欢的地方。

　　"爱牵引出爱。"

　　　　　　　　　　圣女大德兰 (1515-1582)
　　　　　　　　　　修女、神秘学家及作家

　　在进食或喝水前，看着你正要吃或喝的食物，去感受对它的爱与感恩；当你坐下来吃饭时，要确定你的谈话内容是正面的。

　　为食物祝福会给它爱与感恩。当你祝福食物时，就改变了食物中水的结构，以及它对你身体的影响。带着爱与感恩祝福水也有同样的效用。你传送的爱的正面感觉可以改变每样东西中水的结构——所以多使用这股力量吧。

　　在接受任何治疗时，你可以付出爱与感恩，并运用其力量。如果你能想象自己的身体状况很好，就能**感觉**到身体状况很好；而如果感觉得到，你就会得到这个结果。想要改善健康状态，你所要做的就是花超过百分之五十的时间付出爱；只要有百分之五十一就跨越了临界点，让天平从疾病往健康那一边倾斜。

　　在检查视力或血压、做例行健康检查、听取检验报告，或是做任何跟健康有关的事情时，很重要的是，在整个过程中和得知结果的那一刻，你都要抱持着美好的感受，这样才能得到好的结果。通过吸引力法则，检查或测试的结果一定会和你所在的频率吻合，所以如果想要获得理想的结果，你一定要在那个频率上才行！人生不会颠倒过来，你生命中每个状况的结果总是符合你的频率，因为那就是吸引力法则！要让自己进入对健康检查有美好感受的频率，就去想象你想要的结果，而且要感觉到你已经如愿以偿了。每种结果都可能发生，但你必须处在美好的感觉频率上，才能获得美好的结果。

"可能性和奇迹指的是同一件事。"

普兰特斯·马福德 (1834-1891)
新时代思想家

想象并感觉到你的身体已经拥有你想要的健康。如果想要恢复视力，就对完美的视力付出爱，并想象自己已经拥有那样的视力；对完美的听力付出爱，并想象已经拥有那样的听力；对完美的体重、完美的身体、某个器官完全健康付出爱，并想象已经拥有它，然后对你目前实际拥有的一切由衷地表达感谢之意！你的身体会转变成你想要的状态，但是唯有通过爱与感恩的感觉，它才能做到。

　　当一位年轻、健康的女士被告知罹患罕见的心脏病时，她的人生破碎了。突然间，她觉得很虚弱、很脆弱。她的未来——一个平凡、健康的人生——随着预后结果消失了，她很害怕自己的两个女儿会失去母亲。不过，这位女士决定尽她所能，去治疗自己的心脏病。

　　她拒绝对她的心脏状态抱持任何负面想法。她每天把右手放在心脏的位置，想象着她那强壮、健康的心脏；每天早上起床时，她都会深深地感谢她强壮、健康的心脏；她还想象心脏科医生跟她说，她已经康复了。就这样连续做了四个月后，当心脏科医生再次检查她的心脏时，觉得十分错愕。他们一次又一次地比对新旧两份报告，因为新的检验结果竟显示这位女士的心脏非常强壮且健康。

　　这位女士是因为爱的吸引力法则而活了下来。她并未让心脏病的预后结果占据自己的心思，而是对健康的心脏付出爱，结果她反而拥有了健康的心脏。如果你正面临某种病痛，尽可能不要去想、去谈论病情，也不要憎恨疾病，因为那样做就是在对它释放出负面能量。相反地，你要对健康付出爱、要拥有健康，让健康变成你的。

"尽可能不要去想自己的病痛。要想着力量，那么你就
会把力量吸引过来；想着健康，你就能得到健康。"

普兰特斯·马福德（1834-1891）
新时代思想家

　　每当你对自己的健康感受到爱的时候，爱的力量就在消灭
你体内的负面能量！如果你发现很难对自己的健康产生美好的
感觉，重要的是要对任何事物感受到爱，所以，你可以让自己
被围绕在你喜爱的事物之中，利用那些事物来尽量让自己感觉
美好。你可以运用外在世界的一切让自己感受到爱：去看能使
你大笑且感觉良好的电影，而不是那种让你紧张或难过的；去
听能让你产生美好感觉的音乐；请人说笑话给你听，或是让他
们告诉你一些他们发生过最糗的事。你很清楚自己喜欢、最爱
哪些事物，你知道什么能让你开心，所以多利用它们，尽可能
让自己感觉良好。多运用"创造过程"，多运用"力量之钥"，
要记住，只要花最少百分之五十一的时间去付出爱与美好的感
受，就能达到改变一切的临界点！

　　如果你想帮助某个生病的人，可以利用"创造过程"，去想
象并感觉到他已经完全恢复健康了。虽然你无法压过别人释放
给吸引力法则的东西，但你的力量能帮助他们提升到可以获得
健康的频率上。

美丽来自爱

"当爱在你心中滋长时，美丽也会增长，因为爱正是灵魂之美。"

圣奥古斯丁 (354-430)
神学家及主教

所有的美都来自爱的力量。你可以通过爱得到无限的美，问题是，大多数人都在挑毛病、批评自己的身体，多于欣赏它。看着自己的缺点、对自己身上的任何事都不满意，并不会使你变美，只会为你带来更多缺点、更多不满而已。

跟美有关的事很多，然而，无限的美时时刻刻都被倾注到你身上，不过你必须付出爱才能得到它！你越是快乐，就会越漂亮——皱纹会消失，皮肤会变得紧致且开始发光，头发越来越浓密且坚韧，眼睛开始发亮且颜色加深。更重要的是，当你无论去到何处，人们都会被你吸引时，你将见证美真的来自爱。

你觉得自己多老，你就有多老

　　根据古老的文字记载，人类曾经可以活好几百年。有些人活了八百年，有人活了五六百年，长寿原本是稀松平常的事。所以到底发生了什么？是人们改变了他们所相信的，不再认为自己可以活好几百年；经过许多世代，人们改变了自己的信念，开始相信一个缩短的平均寿命。

　　我们继承了那些认为平均寿命缩短的信念。从出生开始，关于我们可以活多久的信念就已经被植入我们的脑子和心里，于是从早年开始，我们就设定自己的身体只能活一定的时间，然后身体就随着我们设定的程式老化。

　　"生物学中还没有任何发现指出死亡是无可避免的。这告诉我的是，死亡根本不是无法避免，而且生物学家早晚会找出到底是什么造成我们这项困扰。"

　　　　　　　　理查德·费曼（1918-1988）
　　　　　　　　　　获诺贝尔奖的量子物理学家

　　如果可能的话，不要预设自己能活多久。只要有人可以破除平均寿命的限制，那个人将为全人类改变平均寿命的进程。之后就会接连有人打破限制，因为当某人活得远比目前的平均寿命久时，其他人就会相信且觉得自己也做得到，然后他们就会做到！

　　当你相信且觉得老化及身体机能衰退无可避免时，它们就会发生，因为你的细胞、器官和身体都会接收你的信念和感觉。所以开始**觉得**自己很年轻，并停止感受到你的年纪吧。感受自己的年龄只不过是一个你被赋予的信念，以及你替身体设定的程式，只要你想要，任何时候你都能通过改变自己的信念，来改变你发出的指令！

　　那么该如何改变信念？方法就是付出爱！限制性信念、老化或疾病等负面信念都不是来自爱；当你付出爱、当你感觉美好时，爱会消融任何负面能量，包括会伤害你的各种负面信念。

　　"源源不绝的爱是生命真正的仙丹，是肉体长寿之泉。
　　会有衰老的感觉，正是因为缺乏爱。"

约西亚·吉伯特·荷兰 (1819–1881)
作家

爱就是真理

　　小时候，你非常有弹性和可塑性，因为你还没形成或接受太多跟生命有关的负面信念；而随着年纪渐长，你承担了更多限制的感觉及负面能量，让你变得越来越僵化、越来越缺乏弹性。这样的人生一点都不精彩，而是一个处处受限的人生。

　　你爱得越多，爱的力量就越能消融你体内和心里的负面能量；而当你快乐、感恩、喜悦时，就能感受到爱融解了一切负面事物。你可以感觉得到！你会觉得轻盈、万夫莫敌，觉得好像站在世界之顶。

　　当你付出越来越多爱时，你会注意到自己的身体开始发生变化——食物尝起来会更美味，眼睛看到的颜色会变得更明亮，耳朵听到的声音会变得更清澈，身体上的痣或小斑点会开始变淡、消失；你的身体开始觉得更有弹性，僵硬的状况会消失，关节也不再发出咯吱咯吱的声音。当你付出爱，并体验到发生在你身体上的奇迹时，你将从此不再怀疑爱就是健康之源！

每个奇迹的背后都是爱

　　所有奇迹都是由爱的力量运作而来的；只要远离负面事物，并专注在爱上面，就能创造奇迹。即使你一辈子都是个悲观的人，现在开始也不嫌晚。

　　有位男士一直把自己描述成悲观主义者。当他从妻子那里得知第三个小孩即将诞生这个意外消息时，他满脑子都想着这个孩子将为他们的生活带来多么负面的影响。然而他不知道的是，那些负面思想和感觉将会如何发展。

　　就在她太太怀孕中期，有一天，她被送进医院进行紧急的剖腹产手术。有三个专科医生分别都说这个婴儿能存活的概率是零，因为怀孕期只有二十三周。于是，这位男士跪了下来，他从未想过会失去一个孩子。

　　剖腹产手术完之后，这位父亲被带到房间的一边去看他的儿子，这是他看过最小的婴儿。他儿子出生时身高只有二十五公分，体重只有三百四十克，医护人员试图用呼吸器将空气打进婴儿的肺里，但他的心跳速率一直变慢，专科医生说他们已经爱莫能助了。这位父亲在心里呐喊着："请救救他！"就在那一刻，呼吸器成功地将空气打进他儿子的肺里，心跳速率也开始回升。

　　几天过去了。虽然医院里所有的医生仍然认为那个婴儿撑不了多久，但是这位一辈子都是个悲观主义者的男士却开始想象他想要的结果。每晚上床睡觉时，他会想象爱的光芒照在他儿子身上；早上醒来时，他会感谢神让他的儿子又活过了一晚。

　　他儿子每天都有进步，而他则克服了自己遭遇的每个障碍。在加护病房辛苦地照顾了四个月之后，他和妻子终于可以带着他们的孩子回家了 —— 那个一度被认为**存活概率是零**的孩子。

　　每个奇迹的背后都是爱。

力量摘要

- 你通过信念或强烈的感觉持续给予身体的东西，之后一定会在你的身体上显现出来。你的每个感觉都会渗入你全身每一个细胞和器官。

- 你是你身体这个王国的统治者，你的细胞则是你最忠实的臣民，毫无置疑地服侍你。所以，无论你想到、感觉到的是什么，都会成为你王国的律法——也就是你身体里的法则。

- 当你对不想要的事物产生负面的思想和感觉时，你细胞能接收到的健康力量就减少了！而当你对任何事物都能感受到爱——无论是晴天、新房子、朋友或升迁——你的身体就会接收到健康的全部力量。

- 感恩是很棒的倍增器，所以每天都要对你的健康说"谢谢你"。

- 衷心地对你喜欢的身体部位说"谢谢"，然后忽略你不喜欢的地方。

- 想要改善健康状态，就要花超过百分之五十的时间付出爱；只要有百分之五十一就跨越了临界点，让天平从疾病往健康那一边倾斜。

- 如果你正面临某种病痛，尽可能不要去想、去谈论病情；相反地，你要对健康付出爱、要拥有健康，让健康变成你的。

- 对完美的体重、完美的身体、某个器官完全健康付出爱，并想象已经拥有它，然后对你目前实际拥有的一切由衷地表达感谢之意！

- 如果你相信你的身体状况会随着年纪衰退，你就是在释放那个信念，然后吸引力法则一定会让那样的身体状况回到你身上。

- 开始觉得自己很年轻，并停止感受到你的年纪吧。

- 通过爱与感恩的感觉，你的身体会转变成你想要的状态。

力量与你

"能获得快乐、美好事物及生命中所需的一切之力量，就在我们每个人之内。力量 —— 无限的力量 —— 就在那里。"

罗伯特·柯里尔 (1885-1950)
新时代思想家

每样事物都有个频率 —— 每一样！每个字都有频率，每个声音、每种颜色、每棵树、每种动物、每种植物、每种矿物、每个物体也都一样。每一种食物和液体，每个地方、城市和国家，空气、水、火和土的元素，健康、疾病、富有、缺钱、成功和失败，每个事件、状况及情境 —— 以上这些全都有个频率，甚至你的名字也有。但你的频率的真实名称是你所感受到的事物！而无论你感受到的是什么，都会把和你处于类似频率的**每一样事物**带来给你。

如果你很快乐，而且持续感到快乐，那么只有快乐的人事物可以进入你的生命；如果你觉得有压力，而且一直感受到压力，那么只会有更多的压力通过各种人事物进入你的人生。当你因为快迟到而一直在赶时间时，就能看见这种状况。赶时间是一种负面的感觉，而就如同太阳一定会发光一样，当你在赶时间且因为怕迟到而感受到恐惧时，一定会把各种耽搁你的状况和阻碍带到你的路途上。这就是吸引力法则在你的生命中运作着。

这样你明白用美好的感觉开始你的一天有多重要了吧？如果不花点时间让自己感觉美好，你就无法在那一天接收到美好的事物；而一旦负面事物来临，你就得费更多力气去改变它们，因为只要它们出现在你面前，你会信以为真！相较之下，花点时间去产生美好的感觉就容易多了，因为这样负面事物一开始就进不来。虽然你确实可以借由改变感受来改变自己生命中的一切，但如果一开始就有更多美好的事发生在你身上，不是更棒吗？

欣赏你的人生电影！

生命很神奇！你一日生活中所发生的事，比你看过的任何奇幻电影还要奇妙，不过你必须像看电影那样专注地看着正在发生的事。如果你看电影时因为一通电话而分心，或是睡着了，就会错过正在上演的情节。同样的道理也适用于持续在你每天的银幕上放映的人生电影。如果你麻木地晃来晃去、毫无警觉，就会错过不断在你生命中对你发出信号，带领你、指引你的讯息和同步性！

生命在回应你、在跟你沟通。生命中没有意外或巧合：每样事物都有个频率，而当任何事物进入你的生命时，代表它和你在同一个频率上。你看到的一切 —— 每个招牌、颜色、人、物体等 —— 你听到的一切，以及每个状况和事件，都与你频率一致。

"这个联结当中的事实如此惊人，仿佛是造物主自己用电设计了这个星球。"

尼古拉·特斯拉（1856-1943）
无线电及交流电发明者

如果开车时看到警车，你会突然变得更警觉。你会看到警车是有原因的，那很可能是在告诉你："要更小心一点！"而看见警车这件事对你来说甚至可能有更多意义，不过如果想知道答案，你必须问自己："这是在告诉我什么？"警察代表法律和秩序，所以警车或许是你生活中某个失序的状况传来的讯息，例如你忘了回电给朋友，或是你没有感谢某人帮你做了某件事。

　　当你听见救护车的警报声时，那是在对你说些什么？是在告诉你要感谢你的健康吗？是在提醒你要对你生命中其他人的健康付出爱与感恩吗？当你看到消防车开着警示灯、鸣着警笛，从你身旁呼啸而过时，那是在告诉你什么？是在说你人生中有某个地方着了火，需要你去灭火吗？或者是在告诉你要燃起你的爱？只有你才知道进入你生命中的事物所代表的意义，但是你必须对发生在你周遭的一切保持警觉，这样你才能提出问题，并接收到给你的讯息所代表的意义。

　　宇宙不断在给你讯息和回馈，而你一**辈子**都在接收这些讯息！每当我听到某件事，即使那是站在我附近的两个陌生人的对话内容，假如我可以听见他们说的话，那些话在我的人生中就有意义。他们所说的话是给我的讯息、跟我有关，而且是在回应我的人生。如果我在旅行时注意到某个招牌，且阅读了上面的文字，那些字对我来说就有意义，那是给我的讯息、跟我有关。而它们之所以跟我有关，是因为我和它们在同一个频率上；如果我处于一个不同的频率，就不会注意到那个招牌，也不会听到别人的对话。

　　一天当中围绕在我四周的每样事物都在对我发出信号，持续给我回馈和讯息。如果我注意到身旁的人不像他们原本那样快乐或满脸笑容，我就知道我的感觉频率往下降了。于是，我马上会去想我喜爱的事物，一个接一个，直到我觉得快乐一点为止。

"你希望世界变成什么样子，自己就必须先成为那个样子。"

圣雄甘地（1869-1948）
印度政治领袖

你的秘密象征物

你可以运用吸引力法则来玩一个游戏——要求看见爱的力量的实体证据。把一个你喜欢的东西当作爱的力量的象征物，每当看到或听见你的象征物时，你就知道爱的力量和你在一起。我是以明亮、耀眼的光作为自己的象征物，所以如果太阳光射进我的眼睛，或是它的光照到某样东西之后反射进我的眼睛，或是我看见反射太阳光且闪闪发亮的任何东西时，我就知道那是爱的力量，而且它就在我身边。当我满溢着喜悦与爱时，光会从我周围的每样事物反射出来。我妹妹则是把彩虹当作她的象征物，当她满溢着爱与感恩时，她视线所及之处，周围都会出现光的彩虹和各式各样的彩虹。你可以利用星星、金色、银色，或是你喜爱的任何颜色、动物、鸟、树或花来当作你的象征物；你也可以选择某个词或声音当作你的秘密象征物。只要确定一件事：无论你选的是什么，都应该是你绝对喜欢、热爱的事物。

如果你想要的话，还可以选择一个象征物当作爱的力量给你的警讯，提醒你要注意了。事实上，你一直都在接收讯息和警告。当你掉了某样东西、当你被绊倒，衣服勾到某样东西，或是当你撞到某样东西时 ——它们全都是你接收到的警告和讯息，告诉你该停止你正在思考或感觉的事情了！生命中没有意外或巧合 ——每一件事都是同步的 —— 因为每样事物都有个频率。这只是生命和宇宙的物理学在运作而已。

> "当我看着太阳系时，我发现地球和太阳之间保持着适当的距离，以接收适当数量的热和光。这绝非偶然。"
>
> 艾萨克·牛顿 (1643-1727)
> 数学家及物理学家

生命很神奇

爱和我之间的关系一直持续着，那是任何人所能拥有最神奇、最令人兴奋的关系。我想跟你分享我如何带着这个认知度过每一天。

　　每天早上醒来时，我感谢自己能活着、感谢我生命中的所有人事物。每天上午，我会花十五分钟去感受爱，并把它传送出去给这个世界。

　　我会想象我的一天。想象我一整天都很顺利，并因此感受到爱；在做事之前，我想象我一整天所做的每一件事都很顺利，并因此感受到爱；在开始做任何事**之前**，我会尽可能去感受我内在的爱，这样我在做每一件事情时，都是让爱的力量来引导我！而除非我有美好的感觉，否则我不会打开电子邮件或包裹、拨打或接听重要的电话，或是做任何重要的事。

　　早上着装打扮时，我非常感谢我的衣服。为了节省时间，我也会问："今天穿哪一套衣服最完美？"几年前，我决定运用吸引力法则来跟我全部的衣服玩游戏。我不再努力想弄清楚这件裙子跟那件上衣搭不搭配，有时候还要穿上身，然后因为不适合又要脱下来（这又吸引了更多不协调的组合），而是决定把我的造型问题交给爱的力量。我所做的就是，**想象**一下如果我穿上的每件衣服看起来都很棒的话，感觉如何。而在想象、**感觉**，并且问"今天要穿什么？"之后，现在当我着装打扮时，对于身上的衣服看起来、感觉起来这么棒，我真的很惊喜。

　　走在街上时，我会保持察觉，留意经过我身边的人。我会尽可能传送爱的思想和感觉给他人，越多人越好；我看着每个人的脸，感受到自己内在的爱，并想象他们正在接收我的爱。我知道爱的力量是丰足的金钱、圆满关系、良好健康及任何人喜爱的任何事物的源头，所以我将爱传送给人们，因为我知道我这样做，就是在把他们需要的任何事物传送给他们。

当我发现某人似乎有特别的需要，例如没有钱买他想要的东西时，我会送给他金钱丰足的思想；如果有人看起来闷闷不乐，我就传送快乐给他；如果某人看起来压力很大，而且一直在赶时间，我就传送平静及喜悦的思想给他。无论我是在买东西、逛街或开车，只要身处人群之中，我就会尽最大努力把爱传送出去。我也了解到，每次我发现某人有特殊需求时，那也是一个给我的讯息，要我懂得对金钱、快乐及我生命中的平静和喜悦表达感恩之情。

搭飞机时，我传送爱给每一个人；在餐厅用餐时，我传送爱给那里的人和食物；跟机关团体或公司打交道，或是在商店购物时，我会传送爱给那里所有的人。

当我要开车前往某个地方时，我会想象自己快乐、平安地返抵家门，并且说："谢谢。"上路之前，我会问："走哪一条路最好？"每次进出房子时，我会对我的房子说"谢谢"；在超市买东西时，我会问："还需要买些什么？""东西都买齐了吗？"而我总是会得到答案。

"知识当然是锁，而它的钥匙是提问。"

贾法尔 · 萨迪克 (702-765)

伊斯兰教精神领袖

　　我每天都会问很多问题，有时是好几百个。我会问："我今天过得如何？""在这种情况下，我该怎么做？""最好的决定是什么？""这个问题的解决方案是什么？""对我而言，哪一个是最好的选择？""这个人或这个公司适合吗？""我如何让感觉好一点？""我如何提升自己的感受？""我今天需要在哪里付出爱？""我能看见哪些我很感谢的事物？"

　　当你提问时，你是在**给出**问题，然后你一定会**得到**答案！不过你必须留心、保持警觉，才能看到或听到你问题的答案。你或许是通过读到、听到或梦到某件事而得到答案，有时则是突然间就知道你问题的解答。反正你总是会得到答案！

　　如果我把某样东西放错位置，例如钥匙，我会问："我的钥匙在哪里？"而我总是会得到答案。但不是这样就停了，当我找到钥匙时，我会问："这是在告诉我什么？"也就是说，我为什么会把钥匙放错地方？因为每件事都有个原因！生命中没有意外或巧合。有时候，我得到的答案是："慢一点，你太急了。"有时答案则是："你的皮夹不在你的手提袋里。"于是我环顾房间，就能找到钥匙，而我的皮夹就在那里。有时候，我没有马上得到答案，但是当我正要出门时，电话响了，原来是我正要赴的那个约取消了，这时我立刻就知道钥匙放错地方这件事之所以会发生，是为了一个正面的理由。我喜爱生命运作的方式，但除非提出问题，否则你得不到任何答案或回馈！

有时候，生命会丢给我一些棘手的事，不过当它们发生时，我知道这是我自己吸引来的。我总是会问，我是怎样吸引到这些问题的，这么一来，我就可以从中学习，而不会重蹈覆辙！

我尽可能对这个世界付出爱，来回报我获得的一切。我在每一样事物和每个人身上寻找美好的地方，我对每一件事都很感恩。而当我付出爱时，我感觉到爱的力量席卷了我，让我充满爱与喜悦，简直快要不能呼吸；就连你试着把爱传送回去给你接收到的一切时，爱的力量也会让那份爱倍增，然后送回更多爱给你！你的人生只要经历过一次这种感觉，你将从此彻底改变。

爱会为你做任何事

你可以驾驭爱的力量，来帮助你完成人生中的任何事。你可以把需要记得的事情交托出去，然后要求爱的力量在完美的时间点提醒你。你可以让爱的力量变成你的闹钟，在你希望的时间叫醒你。爱的力量将成为你的个人助理、财富管理经理、个人健康教练、人际关系咨询师，而它会管理你的钱、你的体重、你的食物、你的人际关系，或是你想交给它的任何工作。不过，唯有当你通过爱和感恩，与爱的力量合二为一时，它才会为你做这些事！唯有当你通过爱，把你的力量和爱的力量合二为一，并且松开你那紧紧握住的拳头，不再试图自行掌控生命中的每一件事情时，它才会为你做这些事。

> "当你的信心增强时，你会发现不再需要控制，事物将自行流动，而你会跟随着它们，找到你极大的喜悦及利益。"

温格特·潘恩（1915–1987）
作家及摄影师

与生命中最伟大的力量合二为一吧！无论你希望爱的力量为你做些什么，只要想象已经拥有它，并带着绝对的爱与感恩去感受自己已经拥有了，那么你就会接收到。

善用你的想象力，并想着所有爱的力量能为你做的事。爱的力量就是**那个**生命和宇宙的智慧。如果你能想象那个有能力创造出花朵，或在人体中创造出细胞的智慧，那么你将会感谢无论在哪一种情况下，你所提出的任何问题都会得到完美的解答。爱会为你做任何事，但你必须通过爱与它合二为一，才能在你的生命中展现爱的力量。

到底会有什么差别

> "从错综复杂中发现简单；从不一致中发现和谐；困难之中蕴藏着机会。"

阿尔伯特·爱因斯坦（1879-1955）
获诺贝尔奖的物理学家

　　如果你的心思被太多琐事占据，那些小事情会让你分心，把你拉下来；如果你一直绕着那些无关紧要的琐事团团转，就无法心无旁骛地产生美好的感觉。就算在干洗店关门前的最后一刻才把衣服送到，又有什么关系？如果你所属的球队这星期输掉了比赛，对**你的**人生有什么影响？下星期还是有比赛啊。错过一班公交车又如何？杂货店里的柳丁卖完了，对你会有什么影响？如果你必须排队等个几分钟，有什么关系？在事情发展的整个过程中，那些小事能造成多大的差别？

　　细微的琐事让你分心，而且会妨害你的生活，如果太关注不必要的琐事，你将难以感觉美好。在你人生的计划中，那些事情没有一件是重要的！没有任何一件！所以，让你的生活变得简单一点，这样可以保护你美好的感觉。简化自己的人生吧，因为当你丢掉琐事时，就创造出空间，让你想要的一切涌进你的生命里。

你赋予生命意义

　　你为生命中的每一样事物加上意义。没有一种状况出现的时候带着好或坏的标签，每一样事物都是中性的。一道彩虹和一阵雷雨没有好坏之分，它们就只是彩虹和雷雨，是你通过对彩虹的感觉赋予它意义，是你通过对雷雨的感觉赋予它意义，是你通过对每样事物的感受，而一一为它们加上意义。工作没有好坏之别，它就只是一份工作，但你对你的工作的感受，决定了它对你来说是好是坏；一段关系本身没有好坏，它只不过是一段关系，但你对某一段关系的感受，决定了它对你来说是好或不好。

　　"事物没有好坏之分，是思想使其有好坏之别。"

威廉·莎士比亚 (1564-1616)

英国剧作家

　　如果某人伤害了他人，吸引力法则不会没有回应，它可能会利用警察、法律或任何方式，以其人之道，还治其人之身。不过对吸引力法则来说，有一件事是确定的：我们得到的，就是我们给出去的。如果你听说某人被别人伤害，当然可以同情受害者，但千万不要论断任何人。如果你评判某人，认为他不好，你就不是在付出爱；而且在想着某人不好的时候，事实上，你已经替自己贴上了不好的标签。你给出去的是什么，你就会得到什么。当你对别人释放出负面感受时，无论他们做过些什么，那些不好的感觉都会回到你身上！它们会以你释放出去的同等力道回来，在**你的**人生中创造出负面情境。对爱的力量而言，**没有**任何借口！

> "对所有生命付出爱的人生是圆满、富足的，并且能不
> 断扩展其美丽与力量。"

拉尔夫·沃尔多·川恩 (1866–1958)
新时代思想家

爱是这个世界的力量

爱的力量没有对立面。生命中除了爱之外，没有其他力量，所谓的负面力量并不存在。古时候，负面力量有时被描述成"魔鬼"或"罪恶"，但所谓被魔鬼或罪恶诱惑，只是意味着禁不起诱惑，掉进负面的思想和感觉里，而没有坚定地站在爱的正面力量中，如此而已。负面力量并不存在，生命中只有一股力量，那股力量就是爱。

你在这世上看见的所有负面事物，都只是缺乏爱的表现。无论那个负面事物是出现在人、地方、情境或事件中，通通都

是源自缺乏爱。悲伤的力量并不存在，因为悲伤就是缺乏快乐，而所有的快乐都来自于爱；失败的力量并不存在，因为失败就是缺乏成功，而所有的成功都来自于爱；疾病的力量并不存在，因为疾病就是缺乏健康，而所有的健康都来自于爱；贫穷的力量并不存在，因为贫穷就是缺乏富足，而所有的富足都来自于爱。爱是生命的正面力量，而**任何**负面状况**都是**源自缺乏爱。

　　当人们来到付出的爱比负面能量更多的临界点时，我们就会看到负面能量快速地从这个星球消失。想象一下，每当你选择付出爱时，你的爱就帮助整个世界往正面那一端倾斜！有些人相信我们现在非常接近那个临界点，而无论他们说的对不对，比起以往，**现在**是该付出爱与正面能量的时候了。为了你的人生，为了你的国家，为了这个世界，请你这么做吧。

　　"心正而后身修，身修而后家齐，家齐而后国治，国治而后天下平。"

孔子（公元前 551– 前 479）
中国哲学家

　　你在这个世界拥有许多力量，因为你能付出的爱就是有那么多。

力量摘要

- 每样事物都有个频率——每一样！无论你感受到的是什么，都会把和你处于类似频率的每一样事物带来给你。

- 生命在回应你、在跟你沟通。你看到的一切——每个招牌、颜色、人、物体等——你听到的一切，以及每个状况和事件，都与你频率一致。

- 如果你很快乐，而且持续感到快乐，那么只有快乐的人事物可以进入你的生命。

- 生命中没有意外或巧合——每一件事都是同步的——因为每样事物都有个频率。这只是生命和宇宙的物理学在运作而已。

- 把一个你喜欢的东西当作爱的力量的象征物，每当看到或听见你的象征物时，你就知道爱的力量和你在一起。

- 做每一件事情时，都让爱的力量来引导你。想象你一整天所做的每一件事都很顺利，而且在做任何事之前，尽可能去感受你内在的爱。

- 每天都要问问题。当你提问时，你是在给出问题，然后你一定会得到答案！

- 驾驭爱的力量，来帮助你完成人生中的任何事。爱的力量将成为你的个人助理、财富管理经理、个人健康教练和人际关系咨询师。

- 如果你的心思被太多琐事占据，那些小事情会让你分心，把你拉下来。所以，让你的生活变得简单一点吧，不要把琐事看得太重要；就算错过一些小事，又有什么差别？

- 爱的力量没有对立面。生命中除了爱之外，没有其他力量。你在这世上看见的所有负面事物，都只是缺乏爱的表现。

力量与生命

人类无法想象**不**存在。我们或许可以想象自己的躯体不再存活，但就是无法想象自己不存在。你认为那是为什么？你觉得是偶发事件吗？不是的。你之所以无法想象自己不存在，是因为你不可能不存在！如果你想象得到，就可以创造出你不存在这件事，然而你永远创造不出来！你一直都存在，也将永远存在，因为你是宇宙的一部分。

> "过去，从没有一个时候，我、你、所有这些国王，不存在；未来，也如是。栖息于躯体的灵魂，在躯体中，经历童年，终至老年，死后离开这个躯体，到另一躯体去。自觉的灵魂不会为此变化所眩。"

《薄伽梵歌》（约公元前 5 世纪）

古印度经典

　　那么人死的时候会发生什么事？躯体不会凭空消失，因为没有这种事，它把自己整合进宇宙的成分之中。而那个在你之内的存在体 —— 那个**真实的**你 —— 也不会凭空消失。"存在体"这个词告诉你，你将永远存在！你不是一个"曾经存活"的人！你是一个永恒的存在体，只是暂时住在人体中；如果你停止存在，那么宇宙会出现一个空隙，而整个宇宙会塌陷到那个空隙里。

　　一个人离开他的躯体后，你看不到他的唯一原因是，爱的频率是肉眼看不见的。你也无法看见紫外线的频率，而爱的频率 —— 亦即他所在的频率 —— 是创造之中最高的频率，连世界上最棒的科学设备也侦测不到。但是要记住，你可以**感受到**爱，所以即使再也见不到某人，你依然可以在爱的频率上感觉到他。在悲痛或绝望之中是感觉不到他的，因为那些频率离他所在的频率很远；然而当你处于爱和感恩的最高频率时，你就可以感觉到他。他从未远离你，你也从来没有和他分离，通过爱的力量，你一直和生命中的一切彼此相连。

天堂就在你心里

"天堂和地球的所有准则，都在你心里。"

　　　　　　植芝盛平 (1883~1969)
　　　　　　　　合气道创始人

　　古老的文字记载着"天堂就在你心里"，它们指的是你存在体的频率。当你离开自己的躯体时，就自动处于纯粹之爱的最高频率上，因为那是你存在体的频率。而古时候，这个纯粹之爱的最高频率被称为"天堂"。

　　不过，天堂是你此生就可以在这里找到的地方，而不是你的躯体死后才能去的所在。你应该在这里寻找天堂——当你还在这个地球上时。而天堂确实在你之内，因为那是你存在体的频率。要在地球上找到天堂，就要用和你的存在体同样的频率——纯然的爱与喜悦——来度过你的人生。

为了生命之爱

"问题不在于你到底要不要坚持下去，而是你打算如何享受它。"

罗伯特·瑟曼（生于 1941 年）
佛教作家及学者

你是永恒的存在体，在这世上你有足够的时间去体验所有的事。时间不会不够，因为你拥有永恒！你的前方还有许多冒险活动、许多事情要去经历，而且不只是在地球上冒险，因为一旦我们对地球驾轻就熟了，就会在其他世界展开新的冒险。宇宙中有我们现在想象不到的其他银河系、次元和生命，而我们全都会体验到，并且将一起经历这一切，因为**我们**都是宇宙的一部分。从现在开始的几十亿年后，当我们在整个宇宙中寻找下一个冒险目标时，将会发现世界中还有世界、银河系中还有银河系，以及无限的次元，在我们的眼前永恒地延伸下去。

所以你现在觉不觉得，也许你比过去自以为的还要特别一点？你是否认为，也许你比过去自以为的更有价值？你、你所认识的每个人，以及每一个曾经活着的人，你们的生命都没有尽头！

难道你不想拥抱人生，对它说 "**谢谢**" 吗？难道你不会对前方的冒险感到兴奋吗？你难道不想站在山顶，带着喜悦对永无止境的人生大声说 "是" 吗？

你人生的目标

"对于任何事物，除了感恩与喜悦之外，你再无其他理由。"

佛陀（公元前 563- 前 483）
佛教创始人

你人生的目标是喜悦，那么，你认为人生中最大的喜悦是什么？付出！如果六年前有人告诉我，人生最大的喜悦是付出，我会说："你当然可以那样说，但我现在挣扎过活、入不敷出，所以没有什么可给的。"

生命中最大的喜悦是付出，因为除非你给予，否则你将永远挣扎着过日子。生活中的问题会接踵而至，而且就在你认为每件事都进行得很顺利时，会突然发生某件事，把你丢回挣扎和困境里。人生中最大的喜悦是付出，而你唯一能付出的东西就是你的爱！你的爱、喜悦、正面性、兴奋、感恩和热情是生命中真实且永恒的事物，世界上所有财富都无法跟整个宇宙最

无价的礼物 —— 你内在的爱 —— 相提并论！

献上最好的自己。付出你的爱，因为它是吸引人生**所有**财富的磁铁，而你的人生将变得比你所想的还要富足，因为当你付出爱时，就是在实现人生的全部目标。付出爱时，你会收到许多爱与喜悦，多到让你觉得几乎超过你能收下的，但你可以收下无限的爱与喜悦，因为那就是你所是的样子！

"当有一天人类能克服风、波浪、潮汐及重力时，我们将为神驾驭爱的能量，那将是历史上，人类第二次发现火。"

德日进（1881-1955）
牧师及哲学家

你带着你的爱来到这个世界，而这也是你唯一带着的东西。当你活在这世上时，每次你选择正面事物、每次你选择感觉美好，就是在付出你的爱；你用你的爱点亮了世界。而无论你走到哪里，你许的每个愿望、梦想的每件事、喜爱的每样东西，都将跟随着你。

你的内在有一股宇宙中最强大的力量，有了它，你**将会**拥有精彩的人生！

这股**力量**就在你之内。

开始

力量摘要

- 你一直都存在，也将永远存在，因为你是宇宙的一部分。

- 你、你所认识的每个人，以及每一个曾经活着的人，你们的生命都没有尽头！

- 要在地球上找到天堂，就要用和你的存在体同样的频率——纯然的爱与喜悦——来度过你的人生。

- 生命中最大的喜悦是付出，因为除非你给予，否则你将永远挣扎着过日子。

- 你的爱、喜悦、正面性、兴奋、感恩和热情，是生命中真实且永恒的事物，世界上所有财富都无法跟整个宇宙最无价的礼物——你内在的爱——相提并论！

- 付出你的爱，因为它是吸引人生所有财富的磁铁。

- 当你活在这世上时，每次你选择正面事物、每次你选择感觉美好，就是在付出你的爱；你用你的爱点亮了世界。

愿《The Power力量》带给你一生
爱和喜悦

这就是我想要给你的
也献给这个世界

作者简介

朗达·拜恩的用意是：为全球数十亿人带来
喜悦。

通过《秘密》这部全球计有数百万人看过的
影片，她开始了探索之旅；后来她又写下
《秘密》这本风行全球、总共发行了四十六
种语言版本的畅销书。

现在借由《The Power力量》，朗达·拜恩延
续她突破性的工作，揭示了宇宙中最强大的
力量。

图书在版编目（CIP）数据

力量 / (澳) 拜恩 (Byrne,R.) 著；王莉莉译 . — 修订本 . — 长沙：湖南文艺出版社，2016.5（2025.8重印）
书名原文：The Power
ISBN 978-7-5404-7585-7

Ⅰ.①力… Ⅱ.①拜… ②王… Ⅲ.①成功心理 – 通俗读物 Ⅳ.① B848.4-49
中国版本图书馆 CIP 数据核字 (2016) 第 081929 号

著作权合同登记号：图字 18-2011-91 号
上架建议：励志·成功心理学

The Power 力量（修订版）

著　　者：[澳] 朗达·拜恩
译　　者：王莉莉
出 版 人：陈新文
责任编辑：薛　健　刘诗哲
监　　制：邢越超
特约策划：李　荡
特约编辑：温雅卿
版权编辑：辛　艳
设计支持：张丽娜
出　　版：湖南文艺出版社
　　　　　（长沙市雨花区东二环一段 508 号　邮编：410014）
网　　址：www.hnwy.net
印　　刷：北京中科印刷有限公司
经　　销：新华书店
开　　本：760mm×1194mm 1/32
印　　张：8.5
字　　数：100 千字
版　　次：2016 年 5 月第 1 版
印　　次：2025 年 8 月第18次印刷
书　　号：ISBN 978-7-5404-7585-7
定　　价：68.00 元